U0334310

智慧

第十届中国花博会建设运维实践研究

低碳

光明食品（集团）有限公司
光明生态岛投资发展有限公司 / 著

同济大学 出版社
TONGJI UNIVERSITY PRESS
·上海·

图书在版编目(CIP)数据

智慧·低碳:第十届中国花博会建设运维实践研究 /
光明食品(集团)有限公司,光明生态岛投资发展有限公司
著. 一上海:同济大学出版社,2024.1
ISBN 978-7-5765-0370-8

Ⅰ. ①智… Ⅱ. ①光… ②光… Ⅲ. ①园艺—博览会
—建筑设计—研究—上海 Ⅳ. ①TU242.5

中国版本图书馆 CIP 数据核字(2022)第 159465 号

智慧·低碳:第十届中国花博会建设运维实践研究

光明食品(集团)有限公司
光明生态岛投资发展有限公司　　　　著

责任编辑 陆克丽霞　　**责任校对** 徐春莲　　**封面设计** 王　翔

出版发行　同济大学出版社　　　　www.tongjipress.com.cn
　　　　　(地址:上海市四平路 1239 号　邮编:200092　电话:021-65985622)
经　　销　全国各地新华书店
排　　版　南京文脉图文设计制作有限公司
印　　刷　上海安枫印务有限公司
开　　本　787 mm×1092 mm　1/16
印　　张　15.5
字　　数　268 000
版　　次　2024 年 1 月第 1 版
印　　次　2024 年 1 月第 1 次印刷
书　　号　ISBN 978-7-5765-0370-8

定　　价　188.00 元

编 委 会

序

2021年5月21日至7月2日,第十届中国花卉博览会(以下简称"第十届花博会")在上海崇明国际生态岛隆重举办。第十届花博会是在庆祝中国共产党成立100周年背景下打造的国家级花事盛会,也是截至目前我国规模最大、规格最高、影响最广的一届花博会。第十届花博会不仅向世界展示了一场举世瞩目的花事盛会,还在其规划建设、资源利用、系统运维等方面处处体现了坚持低碳环保、坚持绿色节能、坚持科技创新、坚持科学运维的特色和亮点。

第十届花博会由国家林业和草原局、上海市人民政府、中国花卉协会联合主办,上海市绿化和市容管理局、上海市花卉协会和崇明区人民政府共同承办,光明食品(集团)有限公司(以下简称"光明食品集团")承揽了花博会园区及园区重要配套项目——光明花博小镇的建设任务。政府规划策划、企业投资建设、协会社会各方共同参与办博活动,创造了政企社合作办博的创新典范。

第十届花博会充分彰显了"生态办博、创新办博、勤俭办博、廉洁办博、安全办博"五大办博理念。按照上海市委市政府的总体部署和要求,光明食品集团充分发挥企业资源优势,全力调动各方力量,高起点规划、高标准设计、高质量建设、高水平展览、高效能运营,充分彰显了光明食品集团在承接重大政治任务、建设重大工程项目、履行重大社会责任方面应有的国企担当。

按照上海市2019年度"科技创新行动计划"相关要求,由光明食品集团统筹,光明生态岛投资发展有限公司总负责,上海种业(集团)有限公司、上海市园林设计研究总院有限公司、上海市建筑科学研究院有限公司、华建集团华东建筑设计研究院有限公司、袁小忠劳模创新工作室联合协作,共同参与了《智慧·低碳:第十届中国花博会建设运维实践研究》的编撰工作。

本书是上海市2019年度"科技创新行动计划"社会发展领域项目"花博会园区建设与智慧运维关键技术与应用"的研究成果。该课题以崇明推进世界级生态岛建设为背景,以《上海市崇明区总体规划暨土地利用总体规划(2017—2035)》为依据,以第十届中国花博会园区建设为依托工程,以恢复生态学和景观生态学为理论基础,以绿化林业专业为研究视角,以生态基础设施营建为切入点,通过课题研究与集成示范,期望形成一套可复制、可推广的关于花博会园区生态基础设施营建的理论体系、建设模式和关键技术评价指标,为后续中国花博会园区生态景观建设提供科学的理论依据与技术支撑,同时为上海市和全国同类工程项目的建设提供示范案例,以期提高总体设计建设水平。

本书共分6章,具体内容如下:

第1章是花博会园区建设与智慧运维研究总论。本章介绍了第十届花博会的总体概况,并提出了 5 个子课题的研究内容与关键技术，以及相应的研究方法和技术路线。

第 2 章是花博会园区总体规划设计及生态基础设施营建关键技术。本章以园区总体规划设计及生态基础设施营建、园区花卉设计为研究核心，在归纳总结相关文献资料和项目实践的基础上，对我国花卉展览概况进行了分析，同时结合理论研究，从园区现状、总体规划、园区交通游线组织、植物景观生态等多方面进行具体阐述和研究。

第 3 章是花博会园区低碳生态及运维关键技术。本章以园区人流导向设计、有机废弃物资源化综合利用、智能灌溉系统和水资源精细化利用为研究重点，通过对花博会园区动态三维风速地图和温度热力地图模型的分析，进行固体废弃物预测；同时，结合节水控制和雨水利用措施，开展了基于环境舒适度和健康度指标的室外人行区长期性和短时性分布热点研究，并提出了固体废弃物处理方案，目的是提高水资源的利用率和管理效率。

第 4 章是花博会园区花卉整体运行维护方案。第十届花博会完成了约 137 万 m^2 园区的花卉布置与运营养护工作，在呈现出最佳观赏效果的同时，建立了花博会园区花卉的科学布展及高效运营技术体系，提出了开园期间"花开满园、花开不断"的园区花卉整体运营维护方案。

第 5 章是花博会园区展馆绿色低碳建设关键技术。本章通过研究花卉主题展馆典型运行模式来分析展馆内人和植物对室内空气品质、热舒适、空调负荷的耦合影响；同时，研究了兼顾人和植物舒适性、建筑整体能耗的绿色低碳建设关键技术，并结合光伏建筑一体化设计，建立了适用于花卉植物展馆的绿色用能指标。

第 6 章是花博会园区展馆健康环境营造关键技术。本章通过研究室外气象参数对温室室内温湿度的影响，得到了室外气候和室内温湿度的明确量化关系，以指导展馆现场工作人员采取合适的环境调控措施，使室内环境满足植物的最佳生长要求。同时，本章还提出了花卉博览建筑的设计及运行建议，从而给予花卉类展馆的建设提供有利的技术支撑。

光明食品集团花博会统筹协调指挥部

2023 年春

目 录

第 1 章

花博会园区建设与智慧运维研究总论

1.1 第十届花博会概况

中国花卉博览会是我国规模最大、规格最高、影响最广的国家级花事盛会,享有花卉界"奥林匹克"的美誉。在庆祝中国共产党成立 100 周年背景下,2021 年第十届中国花卉博览会(以下简称"第十届花博会")以"花开·中国梦"为主题,在上海崇明国际生态岛隆重举办。

第十届花博会是首次以政企合作模式举办的花博会。2018 年 4 月 9 日上海市崇明区获得了第十届花博会的举办权;2018 年 7 月,上海市委市政府明确了由光明食品(集团)有限公司(以下简称"光明食品集团")承担第十届花博会园区及园区重要配套项目的建设任务;2018 年 9 月,光明食品集团成立花博会统筹协调指挥部;2019 年 5 月 10 日,举行第十届花博会园区建设奠基仪式;2021 年 5 月 21 日,第十届花博会开幕;2021 年 7 月 2 日,第十届花博会圆满闭幕。

光明食品集团统筹协调企业各方资源,全面投入花博会园区建设。经过 1 140 天的精心筹办、43 天的精彩展示,第十届花博会成为截至目前花博会历史上园区规模最大、展园数量最多、会展时间最长、国际参展最丰富的花博盛会。此次盛会大幅扩展了参展对象的范围,集中展示了我国花卉业最新的发展成果,引进了国际花卉的新品种和新技术,加强了中外花卉园艺交流合作,传播推广花卉文化,提升了花博会美誉度,用最好的环境、最美的鲜花、最优的生态、最好的建筑生动演绎了"花开·中国梦"主题,向伟大的中国共产党成立 100 周年献上了一份诚挚的贺礼,奋力书写了"绿水青山就是金山银山"的上海典范。

1.1.1 崇明自然条件概况

1. 气象

上海市崇明区位于北亚热带南部,属亚热带季风气候及海洋性气候,四季分明,气候温和湿润,极冷和极热天气持续时间不长;季风气候显著,雨量丰沛,光热资源充足,无霜期长。因其地处入海口,故受天文海潮、台风影响较大。

2. 降水量

据崇明堡镇水文站 1998—2017 年资料可知,崇明区多年的平均年降水量为 1 208.8 mm,且东部地区比西部地区降水量略大。降水量的年际变化很大,季节性变化明显,最大值出现在 1991 年,年降水量为 1 482.6 mm,最小值出现在 1997 年,年降水量为 649.2 mm,二者相差 833.4 mm。另外,降水量年内分布不均,差异较大,汛期(5—9 月)总降水量的平均值为

656 mm，占全年的 61.9%；最大降水量日为 2001 年 6 月 23 日，降水量为 297.3 mm。

3. 蒸发量

崇明区多年平均水面蒸发量为 828.0 mm。其中，7 月和 8 月的蒸发量最高，12 月和 1 月的蒸发量最低。

4. 气温与日照

崇明区多年平均气温为 15.3℃，日极端最高气温为 37.3℃，日极端最低气温为 −10.5℃。月平均气温 1 月最低，为 2.9℃，7 月最高，为 27.6℃。初霜期平均为 11 月 15 日，终霜期平均为 3 月 30 日，全年无霜期有 229 天。多年平均日照时数为 2 129.5 h，平均日照百分率为 48%。日照时间最短的月为 2 月，约为 134.5 h；日照时间最长的月为 8 月，约为 256.7 h。

5. 台风暴雨与自然灾害

崇明区全年以东南风为最多，夏、秋季受台风影响较为频繁。据统计，在 1949—2007 年的 58 年间，全区受台风影响约 75 次。其中，1986 年 8 月 27 日 15 号台风侵袭崇明时，最大风速达 32.6 m/s。另外，台风侵袭时，常伴有暴雨。崇明区遭受的自然灾害主要是台风、洪涝和潮灾，而旱灾也时有发生。

6. 水文

1）长江潮位

据崇明堡镇水文站潮位统计资料可知，历史最高潮位为 6.02 m，历史最低潮位为 −0.19 m；年平均高潮位为 3.31 m，年平均低潮位为 0.88 m，年均潮差 2.43 m；涨潮历时 4 小时 38 分钟，落潮历时 7 小时 38 分钟。

2）内河水位

根据《花博园地区水利专项规划》的要求，崇明岛内河正常水位一般控制在 2.6~3.0 m，升降变化不大；最高控制水位为 3.75 m，预降水位为 2.10 m。

7. 水质

协同范围内包括市级河道 1 条（北横引河）、区级河道 7 条、镇级（东平镇、建设镇、新海镇和城桥镇）河道 52 条。

根据崇明区堡镇水文站提供的资料，2017 年北横引河、鸽龙港、三沙洪、老滧港、张网港、东平河的水质多为Ⅱ类和Ⅲ类，水质较好，但是水色呈黄绿色，水体悬浮颗粒较多，整体透明度不高，浊度较大。

崇明区 2017 年和 2018 年的水质资料显示，70%~80% 的镇级河道水质处于Ⅲ类到Ⅳ类之间，枯水期（3 月）Ⅲ类水质的水体占比较高，丰水期(9月)Ⅳ类水质的水体占比较高。枯水期Ⅱ类水质的水体占比达10%,但劣Ⅴ类水体占比也较高,特别是2018年,劣Ⅴ类水体占比较高。究其原因主要是局部河道两岸入河污染物较多,导致局部水体污染。出现超标情况的指标主要有氨氮、总磷、生化需氧量、化学需氧量等。

8. 地质土壤

1) 地形地貌

崇明岛位于东海之滨、长江入海口处,属河口冲积岛,是一个典型的河口沙岛,由长江泥沙历年淤积围垦而成。整个岛屿形似卧蚕,东西距离长,南北距离短,东西长约80 km,南北宽13~18 km。沿岛东部、北部滩涂发育,仍在不断淤涨成陆,是崇明岛土地资源的重要来源。全岛地势低平,地面高程一般在3.2~4.2 m之间(吴淞基面,下同),该高程区间所对应的面积约占总面积64.88%。另外,3.2 m高程以下的面积约占总面积2.40%,3.6 m高程以下的面积约占总面积15.38%,3.75 m高程以下的面积约占总面积29.80%,4.2 m高程以上的面积约占总面积32.72%。第十届花博会园区场地较平,地面高程在3.7~3.9 m之间。

2) 土壤

崇明岛内土质属于淤泥质亚黏土和亚砂土,表面是黄褐色,地面以下是褐灰色,属第四纪疏松沉积物,经钻探显示,三、四百米深的疏松沉积层下为坚硬的基底岩系。表土受降雨影响,易冲刷引起水土流失。上海地区浅层地下水属潜水,主要补给来源为大气降水及地表径流,浅层地下水位受多种自然条件影响,一般为地表下0.3~1.5 m,平均埋深为0.86 m。

3) 渗透系数

根据国家标准《水利水电工程地质勘察规范(2022年版)》(GB 50487—2008)中附录F"岩土体渗透性分级及渗透结构类型划分",浅部土层的渗透性特征如表1-1所列。

崇明岛的土壤母质系江海沉积物,其类型分布主要是水稻土、潮土和盐碱土。土壤普查资料表明,水稻土、潮土的面积在耕地面积中分别占50%和40%,盐碱土在耕地面积中约占10%。崇明岛东部的团旺沙为近年新围垦的土地,其土壤含盐度较高,也属盐碱土。

表1-1 土层渗透性一览表

土层层号	土层名称	渗透系数 K_v/(cm·s^{-1})	渗透性等级
②$_1$	粉质黏土	5.98×10^{-6}	微透水
②$_{3-1}$	砂质粉土	4.41×10^{-4}	中等透水
②$_{3-2}$	粉砂	2.47×10^{-3}	中等透水
④	淤泥质黏土	5.14×10^{-7}	极微透水
⑤$_1$	黏土	1.41×10^{-7}	极微透水

1.1.2 花博会整体空间布局

1. 花博会空间规划布局概述

第十届花博会空间规划总占地面积为 $10\ km^2$，总平面图如图 1-1 所示，其中包括了花博会园区主展区、东平国家森林公园拓展区、南部配套服务区、光明花博小镇配套服务区。第十届花博会"以绿为底、以水为带、以花为题"，构建了"一心、一轴、三区、六馆、六园"的精彩格局（图 1-2），充分利用生态环保新技术、新装备、新工艺，全面推行绿色环境、绿色建筑、绿色场地、绿色设施和绿色出行。

图例

1 迎宾广场(主入口)　　20 国内展区
2 花博轴　　　　　　　21 后勤停车场
3 世纪馆　　　　　　　22 儿童乐园
4 花舞双桥　　　　　　23 配套服务建筑
5 百柱花廊　　　　　　24 水上森林
6 复兴广场　　　　　　25 主题植物展园
7 复兴馆　　　　　　　　25a 玉兰园
8 出入口　　　　　　　　25b 梅园
9 会时停车场　　　　　　25c 兰园
10 大棚　　　　　　　　　25d 荷园
11 花田　　　　　　　　　25e 菊园
12 国际、企业展区1　　　25f 竹园
13 百花馆　　　　　　　26 小镇客厅
14 国际、企业展区2　　27 花博酒店宴会厅
15 花协分U支展区　　　28 花博酒店客房
16 竹藤馆　　　　　　　29 花博邨
17 "梦花园"核心区　　30 花卉交易中心
18 花艺馆　　　　　　　31 景观湖
19 花栖堂

图 1-1　第十届花博会空间规划总平面图

图1-2　第十届花博会园区俯瞰图

"一心"即"梦花园"核心展区,又称为大花核心区,面积约43.8 hm²,以"牡丹花海、蝶恋花屋顶花园、四大主题花境"为主展示。

"一轴"即花博轴(图1-3),总长约1.3 km,宽60 m,总面积(含建筑)约20万 m²,串联起花博会园区南北片区,连通迎宾广场、世纪馆、复兴广场和复兴馆。

图1-3　第十届花博会园区主入口主轴

"三区"分为花博会园区围栏区(316.51 hm²)、光明花博小镇服务区(174.24 hm²)和南部服务区(90.3 hm²)。其中,光明花博小镇服务区是光明食品集团为此次花博会专门新建的配套服务区域,可提供1 000多张参展人员床位、5 000 m²会务(或论坛)空间、339间酒店客房、大/小多功能宴会厅、冷链配送中心和花卉交易市场等,另外还新建了别致新颖的水上会议中心。

"六馆"包括 3 个永久场馆(复兴馆、世纪馆和竹藤馆)和 3 个临时展馆(花艺馆、百花馆和花栖堂)。其中,复兴馆为第十届花博会主场馆,建筑面积约为 3.6 万 m^2,展会时为各省(区、市)、深圳市和港澳台地区(共计 35 个展区)提供室内布展。世纪馆的建筑面积约为 1.3 万 m^2,乃覆土型花坡建筑,其形状像一只五彩斑斓的蝴蝶,左边翅膀展示珍稀花卉,右边翅膀运用信息化手段展示花卉与人的关系。竹藤馆的建筑面积为 400 m^2,主要展示最新的竹藤技术产品。3 个临时场馆,即花艺馆、百花馆和花栖堂,如同一片片美丽的树叶镶刻在花海中。其中,花艺馆用于插花大赛和表演展示,百花馆用于中国花协各分支机构的室内布展,花栖堂则主要用于餐饮等。

"六园"包括梅园(面积为 1.5 万 m^2,位于西南拓展区内)、兰园(面积为 1 万 m^2,位于东平国家森林公园内)、竹园(面积为 1 万 m^2,位于花博会园区主展区内)、菊园(面积为 1.4 万 m^2,位于东平国家森林公园内),以及玉兰园(面积为 4.6 万 m^2,位于花博会园区主展区内)、荷园(面积为 2 万 m^2,位于东平国家森林公园内)。

2. 花博会建筑空间布局

1) 世纪馆

(1) 项目概述

世纪馆是第十届花博会最重要的建筑之一,如图 1-4 所示。其屋顶跨度约为 280 m,是目前国内跨度最大的自由曲面混凝土壳体建筑,也是第十届花博会中集展览、教育功能于一体的"镇园之宝"。世纪馆位于园区主轴中段,正对复兴馆,南望园区主入口,是进入园区后所见的第一处主要永久性建筑,由光明生态岛投资发展有限公司投资建设,总用地面积 50 635 m^2,总建筑面积为 12 348 m^2,仅 1 层,建筑最高点距地面 14.9 m。世纪馆以"展现大国风范的珍稀木本花卉"作为展馆定位,通过将植物实体展示和多媒体演示互动相结合的方式,生动演绎了自然与生态、景观与建筑、花卉与产业的多重主题。

(2) 设计理念及功能布局

世纪馆为覆土型花坡建筑,形如一只五彩斑斓的蝴蝶,体现了自然生态与建筑的完美结合。世纪馆的设计理念响应了"蝶恋花"这一花博会园区总体立意,以蝴蝶的形态作为建筑的标志性特点,并通过屋顶的绿植覆盖,打造出绿色、生态的展览建筑。该建筑横跨园区主轴,主轴由蝴蝶两翼连接处穿过,形成公共灰空间,体现了生态、共享、互动的主题理念,如图 1-5 所示。

世纪馆的主要功能是展示全世界的珍稀花卉以及花卉相关要素的实物及影像,其最终定位是建设成为一个向中国、向世界展示大国风范、盛世

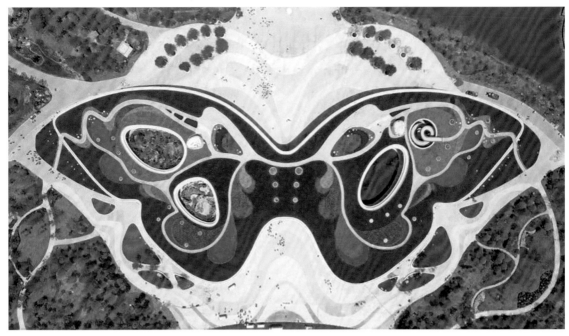

(a) 世纪馆顶视图

核心区总平面图

(b) 世纪馆在花博会园区的位置

核心区主轴线上主要景点与建筑

南							北
入口广场	园区大门	森林廊道	世纪馆	百柱花廊 花桥	复兴广场	复兴馆	北入口

图 1-4 世纪馆顶视图及所在区位

> "蝶恋花"
> ——美好的事物相互依存
> 出自传统文化意象，表达对盛世的歌颂与对美好未来的憧憬

蝴蝶
世纪馆(规划)选取意象

牡丹
上位规划的核心区总平面意象

图 1-5 世纪馆设计理念

花开景象的珍稀木本花卉展示中心，向市民和青少年开展科普的教育中心，以及花博会后可被继续利用的体现可持续发展思想的生态中心。世纪馆的蝴蝶两翼建筑形态的覆土空间可满足花卉展览与会展等不同的功能需求，并通过地下展廊将两侧连通形成一个整体。其中，多媒体展厅位于东馆一层，由 4 处多媒体厅根据故事线串联而成；温室展厅位于西馆一层，包括 2 处暗展厅、2 处半明展厅和 2 处庭院展厅；设备用房位于东馆与西馆的两翼边缘，主要用来布置设备机房与仓储用房；后勤区则位于两翼边缘，主要服务于志愿者及展厅工作人员，为其提供休息、餐饮场所。

（3）绿色节能

2020 年 3 月，世纪馆成功获得美国 WELL 金级中期认证证书[①]，成为国内首个获得"WELL 金级认证的博览馆类建筑"，如图 1-6 所示。

图 1-6 第十届花博会世纪馆获得的绿色节能证书

---

① 美国 WELL 健康建筑标准是世界上首部以人员健康舒适度作为评价核心的健康建筑评价标准，该标准更侧重于室内设计性能的提升，用以改善建筑使用者的健康和福祉。

世纪馆的建筑设计是基于国际领先的健康建筑营建理念,在五大方面实现了技术升级,包括室内空气质量全面保障、高品质饮用水供应、高舒适度室内环境营造、全龄友好的人性化设施配置、健康饮食及运动激励。此次世纪馆获得美国 WELL 金级中期认证不仅体现了花博会博览馆以人为本的理念,而且为崇明世界级生态岛建设提供了有力支撑,实现了"会中引领、会后示范",也为国内外博览馆的建设树立起标杆和示范。同时,世纪馆还获得了三星级绿色建筑设计标识证书。其建筑规划布局合理,优化了微气候环境。在冬季,建筑物周围人行区距地 1.5 m 高度处平均风速小于 5 m/s,且室外风速放大系数小于 2;除了迎风第一排建筑外,建筑迎风面与背风面的表面风压差不超过 5 Pa。在过渡季和夏季,场地内行人活动区不出现涡旋或无风区,50% 以上的建筑的可开启外窗表面的风压差大于 0.5 Pa。配合乔木或景观构筑物设计,户外活动空间遮阴面积大于 20%;超过 70% 的道路路面、建筑屋面的太阳辐射吸收系数不大于 0.4。采用复层绿化等绿化方式,合理配置绿化物种,采用本土和适应性植物,避免选择单一物种,恢复并促进生物多样性;屋顶绿化面积比例不低于 30%。场地开展专项海绵城市设计,采用透水铺装和雨水花园等生态设施,使年雨水径流控制率达 80% 以上。

(4)"薄壳"助力结构蜕变

世纪馆是第十届花博会的标志性建筑,形如一只蝴蝶,东西向长约 280 m,南北向长约 115 m,壳体厚度为 250 mm,整个壳体由剪力墙和细长摇摆柱支撑,是目前国内最大的自由曲面混凝土薄壳结构。其设计试图采用最简单的力学概念来实现复杂的自由曲面的混凝土壳体结构。国内首次采用间接预应力技术,实现混凝土薄壳的"以形御力";世纪馆中间通道处设置了钢-混凝土组合张弦桁架,以平衡壳体的侧推力,而张弦桁架的撑点被巧妙地作为连桥的吊点。三层 1 080° 的不等半径螺旋楼梯以单柱撑起 80 t 的重量并悬挑 10 m。

2) 复兴馆

(1) 项目概述

复兴馆位于第十届花博会主展区大花核心区的中心主轴区域,是花博会园区主场馆之一,也是园区的三大永久性场馆之一(图 1-7)。建筑用地面积为 57 609 m²,总建筑面积为 37 240 m²,层数为展览 1 层(办公设备区夹 3 层),建筑高度 16 m,设计使用年限 50 年,由光明生态岛投资发展有限公司投资建设。

复兴馆的建筑功能包括展览、配套办公和配套设备,主要为各省(区、市)、深圳市和港澳台地区(共计 35 个展区)的室内布展服务。与世纪馆一样,复兴馆通过将植物实体展示和多媒体演示互动相结合的方式,生动演绎了自然与生态、景观与建筑、花卉与产业的多重主题。

(a) 复兴馆鸟瞰图

(b) 复兴馆在花博会园区的位置

图 1-7　复兴馆鸟瞰图及所在区位

（2）设计理念及功能布局

复兴馆设计理念取意"复兴之路，波澜壮阔"。屋面层叠交错的设计形式为建筑赋予了大气磅礴的气势，象征着波澜壮阔的复兴之路。设计中借用了中国的剪纸、折纸等传统元素，并融合了传统建筑的柱廊、檐廊以及材料和色彩等多种要素，经抽象整合，在提炼中国传统文化精髓的基础上，打造出具有新时代风格的国风意向，呈现出"新中国风"特色的主场馆形象(图1-8)。

复兴馆由 A、B、C、D 这 4 个展馆组成，各展馆之间设有半室外共享空间。如此设计既符合地域气候特点，又便于大客流的缓冲。根据历届花博会主展区的规模和花协各展区面积的初步征询结果，同时考虑到第十届花博会的特殊性，以及各省(区、市)、深圳市、港澳台地区对于室内展区布展的具体需求，最终复兴馆共设置了 35 个展区，展区总净面积约为 12 250 m²。

(a) 设计理念

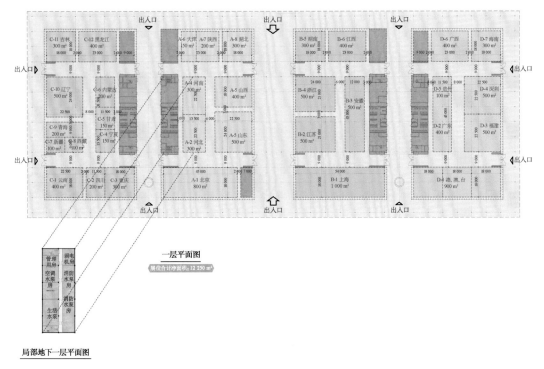

一层平面图

展位合计净面积：12 250 m²

局部地下一层平面图

(b) 功能布局

图 1-8　复兴馆设计理念及功能布局图

　　复兴馆内展区的布置宗旨是以地理位置、气候特点和展区征询面积为原则。图 1-8(b)中,绿色区域以北京为核心布置周边省市展区,蓝色区域以上海为核心布置周边省市展区,黄色区域布置我国北部及西部地区等相连接的省市展区,粉色区域布置我国南部地区及港澳台地区的展区。

　　(3)生态策略

　　复兴馆作为第十届花博会的核心建筑之一,其设计目标是将建筑本身建设成为世界级绿色生态建筑的同时能够改善周边自然环境。复兴馆的设计以"生态引擎"作为核心理念,综合运用先进的生态环保节能技术,构建建筑的"生态微循环系统"。

　　建筑主体引入"生态引擎"概念,屋面通过弯折、交错等方式构建了多个特色生态装置——"空气动力舱"(图 1-9),同时,综合运用先进的生态节能环保技术,由整体太阳能屋面为建筑提供绿色能源,从而构建生态建筑"微循环系统"。

　　屋面整体共设 8 个"空气动力舱",每个展馆 2 个,以保证展馆内的均衡布置。舱体与建筑结构体可以完全整合为一体,同时,舱体的植入在室内形成了多变的空间效果,也提供了更加丰富的空间体验。

　　"空气动力舱"可以监控环境变化,智能且主动地调节室内温度和湿

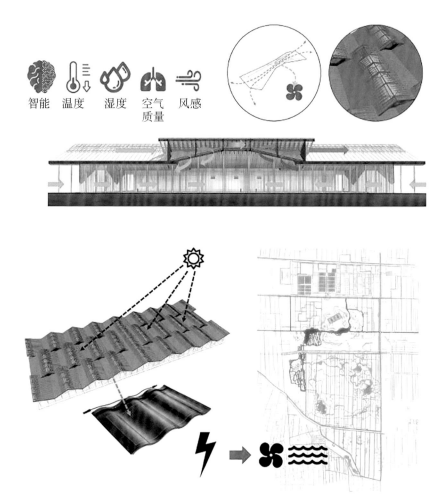

智能　温度　湿度　空气　风感
　　　　　　　　　　质量

图1-9　复兴馆屋面"空气动力舱"

度及空气质量。另外,在部分重要的负荷配电箱内设置了智能零线保护系统以保障用电可靠性。

　　复兴馆屋顶设置了光伏发电系统以满足绿建要求,如图1-10所示。

　　(4)实现建筑效果的结构设计手法及理念

　　复兴馆采用了错列波浪形屋面,且较多的屋面板采用了自然采光。为了更好地实现玻璃幕墙效果,采光屋面处仅设置大跨度主梁,这种结构布置虽然简洁美观,但也带来了屋面结构体系整体性不足的问题。为了满足建筑效果要求的同时体现结构体系的合理性,在部分采光天窗处设置预应力钢拉杆,用纤细的钢结构杆件来实现强大的结构平面刚度,从而保证异形屋面结构的整体性。

　　3)竹藤馆

　　(1)项目概述

　　竹藤馆选址在第十届花博会园区花协展区的核心位置,毗邻梦花园核心展区,用地面积为10 000 m²,总建筑面积为400 m²,是一层的展览

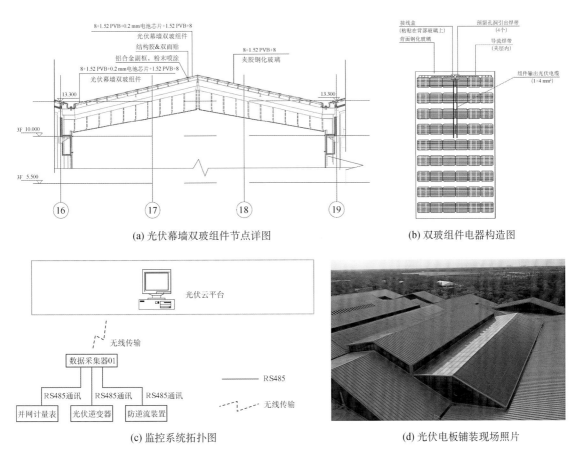

(a) 光伏幕墙双玻组件节点详图

(b) 双玻组件电器构造图

(c) 监控系统拓扑图

(d) 光伏电板铺装现场照片

图 1-10　复兴馆屋面光伏发电系统

建筑,建筑高度为 14.50 m。竹藤馆主体结构的使用年限为 30 年,由光
明生态岛投资发展有限公司投资建设。根据专项规划,竹藤馆作为永久
性建筑,在第十届花博会期间主要用于竹藤文化及竹藤工艺制品的展
示,如图 1-11 所示;花博会之后将被用作轻食餐厅、小型会议室,以提供
一种生态、返璞归真的慢生活空间。

(a) 竹藤馆区位图

(b) 竹藤馆实景图

图 1-11　竹藤馆

（2）设计理念

竹藤馆的设计是以竹器的编织特性为概念原点,以"去建筑化"的方式来展示竹藤造型的艺术魅力,类似于竹器通过编织工艺形成的使用空间和形态本身,希望通过建构性的"编织",统一构建出建筑的形态和功能空间。同时,从自然中找形,以茧为原型,用竹藤织茧,取"破茧化蝶"之意。拟编织层叠之形,凸显编织竹器自然流畅的形态与细腻丰富的肌理质感,如图1-12所示。

竹藤馆建筑的外部形态、功能空间、建构方式三者相辅相成,好比编织竹器形态、功能与工艺三者的高度统一。

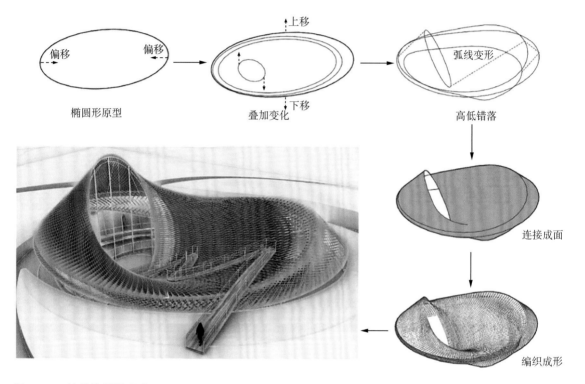

图 1-12　竹藤馆设计理念

（3）建筑表皮

建筑表皮采用竹器的编织肌理,不同于传统的二维编织,竹藤馆的设计采用了具有深度变化的编织方法,形成具有竹藤质感而又有深度变化的空间性表皮,以强调材料的肌理感与层次性。建筑立面的编织表皮采用高强度竹基纤维复合材料——竹钢,按照特定单元的组织方式编织成形。表皮形成的同时产生结构本身,并且包裹围合出内部空间。

关于编织部分的材料工艺,设计之初出于永久建筑对材料耐久性的要求,主要研究仿真藤草编织包覆的技术方案,后来转向天然材料,尝试了天然竹篾包覆、夹挂等多种材料和工艺,以期能与竹藤馆的工艺主题很好地契合。然而,天然材料经耐久处理后,不仅外观发生了很大的变化,而且难以控制,再加上包覆或夹挂更多的是将编织单元作为装饰附着于结构骨架之上,与设计之初将编织作为构建方式的想法有出入。因此,在经过了一系列研究和小样实验之后,最终锁定了"竹钢"这种高性能复合竹材。

（4）竹藤馆结构工程

竹藤馆的地上结构主要包括三个部分:椭圆形主体结构、无配筋轻薄拱壳展厅结构和钢框架结构人形天桥。

① 面向公众展示空间的椭圆形主体结构。

竹藤馆空间形态比较复杂,通过对建筑形态进行分析,将放样的椭圆抽离出来成为圆环框架,用以将上部复杂的竖向荷载传到落地柱。而落地的柱子由于倾斜度较大,因此柱间加上了环带支撑,以便将抗侧构件形成一个整体,从而增强结构的整体抗侧性能。

主体建筑形态蜿蜒扭转,采用椭圆形为原型,通过两个套叠的椭圆放样形成一个有缺口的竹茧形态,再采用钢框架支撑双层斜交索网结构体系,索网与编织材料采用同一建构逻辑。

② 国内首次应用的无配筋轻薄拱壳展厅结构。

主展厅造型为曲面拱形,平面为半月形,建筑面积为 250 m²,拱形表面积为 412 m²,采用混凝土壳结构。平面中心线总长度为 34.13 m,拱宽最大 8.3 m,最小 3.8 m,拱高最高处 6.5 m,最低处 3.1 m。拱结构本体采用 75 mm 厚无配筋超高延性混凝土(Ultra-high Ductile Concrete,UHDC)材料,并采用"3D 打印模板＋喷射混凝土"这种新型数字建造工艺。

③ 钢框架结构人形天桥。

作为竹藤馆展示厅的主出口通道,钢框架结构人形天桥直接跨越主索网面,由于支撑条件受限,因此在其中部有 10 m 长的悬挑结构。

4）百花馆、花艺馆、花栖堂

（1）项目概述

花栖堂、百花馆和花艺馆分别位于园区的东部、西部和中部,其中百花馆和花艺馆的建筑面积均为 5 723.22 m²,分别服务于各省市花协分支的室内布展、国际布展和企业布展以及举办各类插花比赛等活动。花栖堂为 2 层建筑,建筑面积为 9 262.12 m²,是园区内最大的餐饮服务场所,由光明生态岛投资发展有限公司投资建设。

（2）设计理念及功能布局

百花馆、花艺馆、花栖堂的设计理念为回归花博会本源,以绿叶的形式衬托"红花",与大花核心区的"大牡丹"相映成趣、相得益彰,构筑出一幅蝶恋花的大地美景,如图 1-13 所示。

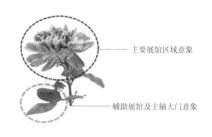

主要展馆区域意象

辅助展馆及主轴大门意象

"绿叶"衬"红花"

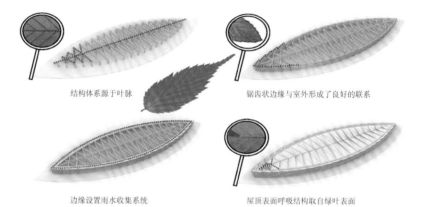

结构体系源于叶脉

锯齿状边缘与室外形成了良好的联系

边缘设置雨水收集系统

屋顶表面呼吸结构取自绿叶表面

(a) 建筑设计理念

(b) 花栖堂实景

图 1-13　百花馆、花艺馆、花栖堂的建筑设计理念及花栖堂实景

建筑犹如一片片叶子,融入自然景观,其建筑造型似一片绿叶,结构体系设计理念来源于叶脉,锯齿状边缘与室外形成了良好的联系。

(3) 外立面效果的落地和现场营造

花栖堂幕墙每一块铝板的长度、扭转角度、拼接方向均有差异,这对铝板及其连接件的施工精度均提出了很高的要求。针对铝型材的扭转加工,试验初期采用进口设备对不同长度的铝型材两端夹持并扭转90°,出现了板材回弹变形量无规律的情况,并且因扭转造成的局部应力集中致使板材出现明显凹陷等缺陷。为此,幕墙单位自主研发了一套全新的板材扭转加工设备及工艺,反而较进口设备能更有效地解决不可控的弹性变形和有害的塑性变形问题。

成熟的铝板扭转工艺辅以金紫蓝/金红紫的双色变色龙喷涂技术,最终花栖堂外挂扭转铝板实现了在不同光源条件下展现出绚丽色彩的预期效果。整个花栖堂在阳光下色彩斑斓,美轮美奂,建筑美学在这一刻体现出高级感。

(4) 主入口大门——"叶脉骨架"仿生结构体系

第十届花博会的主入口造型形似两棵繁茂的大树(图1-14),通过结构创新科技,创造性地打造了集建筑和结构美学于一体的"叶脉骨架"仿生结构体系。主入口高19.21 m,象征伟大的中国共产党于1921年诞生;长100 m,寓意中国共产党建党100周年。

图1-14　第十届花博会主入口大门

花博会主入口的仿生结构利用的是类似树叶叶脉的交叉网状支撑组织结构,这种结构形式不仅可以实现精巧的曲面外观,并且构造非常符合力学原理。

"叶脉骨架"的结构形式完美地打造出令人眼前一亮的建筑效果,实现了结构布置与建筑创作的完美融合。花博会园区北园的主入口构筑物是整个园区的"最佳颜值",设计团队最终确立了采用"仿生钢结构骨架外挂柔性幕墙"(或称异形钢结构+覆盖膜)的结构体系。

1.2 研究背景及目标

上海市委、市政府发布的《关于全力打响上海"四大品牌"率先推动高质量发展的若干意见》(沪委发〔2018〕8号)提出,"围绕提升服务经济能级,加快实施提升专业服务能级、建设国际会展之都、建设国际设计之都等三个专项行动",明确要求"发挥功能平台和载体项目支撑作用"。

中国花卉博览会是我国花卉领域组织层次最高的综合性花事盛会,每四年举办一届。对标更高标准、更好水平,面向未来、面向全球的总体要求,第十届花博会园区将建设成为崇明中部崛起的重要功能区、面向世界服务全国的花卉创意博览区、低碳环保可持续发展的绿色经济承载区、尊重自然启迪未来的生态文明先行区。

研究课题紧扣第十届花博会五大办博理念,围绕花博会园区建设与智慧运维关键技术的研究与应用,围绕实现"花开满园、花开不断"景观效果,以及前期规划建设和后续运营管理成本中存在的适配问题等,努力形成一套花博会研发课题体系。通过对花博会园区花卉整体运行维护方案的研究,形成快速、大规模花卉补植的科学流程,建立应对各类花卉植物相关应急预案的管理措施;通过对生态基础设施营建技术的研究,形成花博会园区生态基础设施和展馆开发建设管控的理论、方法和评价体系,并建立"人—植物—建筑"三个维度健康环境相关的技术标准和管理文件。

研究侧重花博会园区的实际运行,努力挖掘各系统的核心理念,努力实现各关键技术的原创性突破,以铸就中国花博会之梦,为"绿水青山就是金山银山"提供上海典范。

1.3 研究方法与技术路线

根据课题研究的总目标,提出五个子课题。

(1) 子课题1:花博会园区总体规划设计及生态基础设施营建关键技术。

(2) 子课题2:花博会园区低碳生态及运维关键技术。

（3）子课题 3：花博会园区花卉整体运行维护方案。

（4）子课题 4：花博会园区展馆绿色低碳建设关键技术。

（5）子课题 5：花博会园区展馆健康环境营造关键技术。

1.3.1　子课题 1：花博会园区总体规划设计及生态基础设施营建关键技术

1．主要研究内容

按照上海市推进崇明世界级生态岛建设和《上海市崇明区总体规划暨土地利用总体规划（2017—2035）》的要求，形成花博会园区生态基础设施营建的理论体系、建设模式、关键技术和评价指标，以便为后续花博会园区的生态景观建设提供科学理论依据和技术支撑。

2．主要解决的关键技术问题

（1）园区植被现状评估与生态适应性。

（2）园区总体规划设计。

（3）园区植物景观生态规划。

（4）核心区观花植物景观生态化营建。

（5）绿化栽植养护与管理。

（6）生态风险评估与应对。

（7）园区策划运维及展后可持续利用。

3．创新点

（1）以生态基础设施营建技术作为切入点，系统研究中国花博会园区总体规划设计及生态景观营建的关键技术。此研究在国内尚属首例，填补了领域空白。

（2）发挥规划设计机构科研工作的整体性、综合性和可操作性，将花博会园区的湿地、森林、绿地、生态廊道、基本农田、村落等纳入崇明生态岛全域复合生态系统中加以评估，注重生态评价、生态保育、生态修复、生态管控等领域关键技术的研究，探索基于生态承载力的花博会园区游憩资源适度开发利用新模式。

（3）通过研究，建立一套完善的且可复制、可推广的花博会园区生态基础设施开发建设和管控的理论、方法及评价体系。

（4）将研究形成的关键技术在中国花博会工程项目中进行实践应用示范，以验证其有效性。

1.3.2　子课题 2：花博会园区低碳生态及运维关键技术

1．主要研究内容

1）基于微气候环境预测的园区人流导向设计研究

通过大尺度园区物理模型构建和精细化网格技术，开展花博会园区动态三维风速地图和温度热力地图模型研究,不仅为会中景观遮阴系统和导风系统提供了设计基准,同时也为花博会后园区功能可持续发展提供了基础数据;通过对园区内餐厨等油烟污染物排放源的定位及散发强度的研究,建立花博会园区空气污染源动态扩散模型,并进行分布特征预测;通过分析园区微环境与参观人员动线的相关性,开展基于环境舒适度和健康指标的室外人行区长期性、短时性分布热点研究。

2)园区有机废弃物资源化综合利用技术研究及应用

基于对花博会园区内绿化景观及餐厨配建规模的分析,开展园区运营期有机废弃物产生的定量预测研究。通过对废弃物原料特性参数进行细分,挖掘资源化处理潜力,开展园区绿化修剪垃圾及餐厨垃圾的属地化快速利用技术研究,研发适用于花博会园区的高效率、低能耗、无污染的有机废弃物处理工艺。

3)园区可再生能源景观化利用关键技术研究

通过对太阳能薄膜发电技术、发电路面系统、太阳能路灯自动感应系统等新型可再生能源技术及系统的调研,并就其在花博会园区景观系统的适宜性开展研究,从而建立基于景观功能提升和人员交互体验的可再生能源景观一体化集成系统,将现代科技和景观艺术进行有机结合,在花博会园区范围内实现高品质可再生能源的综合利用,以建设高体验、低能耗、可持续的能量公园。

4)智能灌溉系统和水资源精细化利用管理策略研究

研究基于物联网技术的智能化远程节水灌溉控制和水资源精细化管理策略,通过监测花博会园区绿化区域的降雨情况、土壤湿度、蒸发速率等环境参数,将实时数据接入监控点进行集中处理和分析,以实现定时、定点、定量的精准灌溉,提高水资源的利用率和管理效率。

2. 主要解决的关键技术问题

(1)基于微环境舒适度指标的花博会园区参观人流导向模型技术。

(2)园区绿化垃圾及餐厨垃圾属地化快速处理及资源化利用技术。

(3)园区可再生能源景观化集成利用技术。

(4)智能化精准节水灌溉控制和水资源高效利用技术。

3. 创新点

通过开展场地风速与温度场三维情景建模,研究基于微环境与参观人员舒适度相关性的参观人流导向技术,以提升观展舒适度和健康体验度。

1.3.3 子课题3:花博会园区花卉整体运行维护方案

1. 主要研究内容

崇明岛地处长江口,水土偏碱、气候多变,易发台风、暴雨、梅雨、干旱等灾害性气候,为实现花博会"花开满园、花开不断"的景观效果,主要开展以下几方面运营养护技术研究。

1) 适生栽培环境改良

进行园区种植土改良以实现花卉的最佳种植条件。具体而言,将种植土改良至如下状态:呈弱酸性(pH 值①在 5.5~6.5 区间范围内);种植土团粒结构合适,使之具有足够的空气孔隙度;种植土保障合理缓冲容量、提供缓慢释放的多元养分(EC 值②为 1.2~1.8);种植土病虫害消毒。

2) 建立植物养护技术方案

建立园区内植物养护管理档案,内容包括:植物种类、生长习性、应用数量、养护要求等。建立优质高效的养护栽培技术方案,对景区植物进行肥水管理、修剪、清洁、养护、补植、病虫害防治等,既保持美观效果,又减少更换频率。

3) 建立应急预案

针对突发的高温、暴雨、干旱等不可抗力自然灾害,以及人为采摘破坏等情况,建立抗台、排涝、抗旱应急方案和园区应用植物的备用储备方案,以便快速应对突发事件,在较短的时间内恢复花博会园区"花开满园"的景观效果。

2. 主要解决的关键技术问题

1) 土壤改良技术

按照园区植物种植要求,进行土壤改良,包括:换土(基质的选择和更换)、肥力补充、酸碱度调节、病虫害防疫处理等。同时,在保证土壤利用率的基础上,考虑园区整体的美观性和平整度。

2) 规范花卉高效栽培技术

根据园区内植物长势和应用效果,建立规范、高效的园区植物管养方案,具体包括:养护方案、修剪方案(对花芽、黄叶等进行修剪,达到既造型美观又延长花期的效果)、灌溉方案、施肥方案、应急补植方案、病虫害防治方案等,以实现关键花期的人工调控,延长园区植物观赏期,增强应急抵御能力,降低养护成本。

---

① pH 值:酸碱值,是溶液中氢离子活度的一种标度。

② EC 值:可溶性盐浓度,用来测量溶液中可溶性盐浓度,也可用来测量液体肥料或种植介质中的可溶性离子浓度。

3）开展花卉品种组合模块的应用

对优质花卉品种，通过株型、花色、适生环境要求等特征进行园区应用不同组合配置，实现视觉美观的园林景观应用效果，从而丰富花博会园区内的绿地布置。

3. 创新点

通过对栽培环境、栽培技术的综合研究，建立观花植物精准花期调控技术体系，实现花博会期间"花开满园、花开不断"的景观效果。

1.3.4 子课题4：花博会园区展馆绿色低碳建设关键技术

1. 主要研究内容

1）基于植物和人员需求的展馆空调负荷预测及绿色用能指标研究

基于花博会展期室外气象参数的日较差变化较大的特征，通过建筑围护结构和机电系统等参数分析建立建筑动态能耗分析模型，开展多种运行模式下的空调负荷需求和用能特性分析，研究与季节、昼夜工况相适应的展馆用能精准预测技术，探索并建立绿色展馆合理用能指标基准，以服务于第十届花博会展馆建筑的建设使用功能。

2）光伏建筑一体化高效利用技术研究

根据历年崇明地区气象资料对全年太阳能资源禀赋进行分析，对光伏建筑一体化利用技术方案比选和设计优化，建立兼具展示性、示范性、教育性和实用性的地域气候适用型光伏建筑一体化高效利用技术体系，开展基于全年动态模拟的可再生能源发电量预测及实效评估。

3）复杂空间气流组织和热湿环境营造技术研究

基于展馆不同功能空间对温度、湿度、风速等参数的差异化控制要求，从满足植物生长和兼顾人员舒适的角度出发，研究分区、分层的室内热湿环境预期指标，风口布置和出风特性等关键变量作用下的室内气流组织精细化数值模拟方法，以及分空间、分时段的末端送风方式，最终提出兼顾人员和植物需求的复杂空间热湿环境解决方案。

4）基于新陈代谢特性的展馆室内空气质量预测和调控技术研究

植物的光合作用会随品类、种植密度和分布的不同而变化，同时，对于展馆建筑室内空气的 CO_2 浓度等参数也会产生量值影响。通过对展陈植物新陈代谢特性的规律性进行研究，分析展陈植物光合作用引起的 CO_2 浓度的时变特征，同时考虑人流的潮汐性周期规律，探究植物展馆空间室内 CO_2 浓度等参数的时空分布规律和通风空调系统负荷随变量变化的测算方法,制订可满足室内空气质量要求的技术解决方案及控制策略。

2. 主要解决的关键技术问题

解决了花卉植物展馆空调负荷预测及空气质量计算中人和植物的耦合算法问题。

3. 创新点

建立了"人—植物—建筑"耦合运行模式下建筑物空调系统负荷精准预测技术与室内空气质量的联合算法,并提出了适用于花卉植物展馆的绿色用能指标。

1.3.5 子课题5:花博会园区展馆健康环境营造关键技术

1. 主要研究内容

(1)通过对花卉博览建筑与高性能建筑进行调查研究、典型案例分析、实施项目设计等,提出健康展馆的核心技术指标,并形成技术体系框架。

(2)通过采取文献查阅、问卷调查、数值模拟、实地测试等不同的方法,对花博会园区展馆的健康要素进行归纳与分析,寻求通用策略及关键点。

(3)提取展览功能和健康性能两方面参数,从与花卉博览相关的方面(如花卉植物生长适应性、室内空气品质、自然采光、绿色照明、可持续固体废弃物处置等),以及与健康相关的方面(如室内生态系统营造、热湿—人—植物、室内外亲生命性、短期在室人员舒适度、优质饮用水供应与保障等)出发,形成多参数、多模式的独立控制系统。

2. 主要解决的关键技术问题

1)多参数、多模式独立控制系统

基于室内各区域声、光、热湿、空气品质的实时监测数据,采取集中与分散相结合、被动接受与主动参与相结合、永久设施与临时装置相结合的方式,实现"人—植物—建筑"健康环境的精准调适。

2)建筑运行动态性能展示系统

实时展示建筑运行动态性能数据,实现绿色建筑由"措施约束"向"性能引导"的转变,为新时代"世界级生态岛"高性能建筑实践提供应用实证和示范引领。

3)展厅智能花卉环境监测系统

建立花卉博览场馆健康评价指标,对花卉生长环境进行现场实测,针对展季差别、展期差别、展类差别和展商差别,优化展厅的动态运行和控制策略,并随着项目的运行调适,逐步修正、完善控制策略。

3. 创新点

(1) 在"健康中国 2030"大背景下,将健康理念和设计融入展馆建筑,制定了第十届花博会的建筑健康环境营造优化策略,形成了花卉博览会展馆的健康指南。

(2) 将花卉植物的生长适应性与建筑室内外的亲生命性相结合,寻找植物成活率与建筑环境指标之间的相关性及规律。

第 2 章

花博会园区总体规划设计及生态基础设施营建关键技术

2.1 花博会园区植被现状评估

2.1.1 园区植物的多样性与适应性调查

第十届花博会的主园区占地约 300 hm²,现状场地内存在较多生长状态良好的乔木,如水杉、池杉、紫叶李、乌桕、香樟、女贞、广玉兰等,但现状场地内的植物类型较为单一、层次感不强。此次第十届花博会园区的景观设计以乔木为骨架,木本植物为主体,景观绿化以乡土植物为主,并保留了场地部分的本地植物,因地制宜地将乔木、灌木、地被植物有机地配置在一个群落中,从而实现有层次、有厚度、展现季节色彩的景观效果。新种植被以乡土植物为主,根据国际可持续景观场地(SITES)[①]认证最终植被面积为 125 hm²,其中新种本地植物面积为 120 hm²,占96%。另外,引入适宜场地气候和设计意图的特色植物,以丰富第十届花博会园区内的乔木和花卉品种,合理配置植物层次,加强集中种植,形成稳定的生物群落,加强植物与环境的协调性。场地设计 BDI[②] 与现状BDI 的差值大于等于 3。园区本地植物应用情况详见表 2-1。

表 2-1　园区本地植物应用情况

区域	总绿化面积/m²	非本地植物面积/m²	本地植物面积/m²
背景林	533 452	11 108	522 344
玉兰园	37 095	3 997	33 098
国内展区	155 000	1 425	153 575
国际与企业展区	84 244	655	83 589
大花核心区	182 813	12 124	170 689
花协分支展区	71 000	155	70 845
水利绿化	147 085	4 543	142 542
主轴绿化	43 419	18 240	25 179
总计	1 254 108	52 247	1 201 861

2.1.2 园区植物群落结构调查

1. 群落结构种类

第十届花博会主园区内植物群落结构种类现状为:主要群落是落叶针叶林,其中水杉林占比最大。基于 2017 年上海森林资源动态变化监测成果及对使用林地现状调查,得到第十届花博会园区使用林地因子调查表,如表 2-2 所列。

---

① SITES 的全称是 Sustainable SITES Initiatives,是由 4 家权威机构共同研究并发布的针对室外场地建设和使用的全生命周期(选址、设计、建设、运维)的可持续实践而制定的实施指南和绩效标准。
② BDI：Biomass Density Index,生物量密度指数。

表 2-2 花博会园区使用林地因子调查

序号	小班号	调整面积/亩	保护等级	林种	起源	优势树种	龄组	平均树高/m	平均胸径/cm	郁闭度	蓄积量/m³
1	0445	9.00	3	农田防护林	人工林	水杉	成熟林	14	22	66	187
2	0448	0.60	3	农田防护林	人工林	香樟	成熟林	10	12	65	7
3	0450	6.00	3	农田防护林	人工林	水杉	成熟林	14	22	66	125
4	0452	9.30	3	农田防护林	人工林	水杉	成熟林	12	18	58	90
5	0459	0.45	2	其他水源涵养林	人工林	香樟	幼龄林	6.9	12.4	65	2
6	0464	1.95	3	农田防护林	人工林	水杉	幼龄林	3	4	66	1
7	0469	13.05	3	农田防护林	人工林	水杉	成熟林	14	22	66	272
8	0475	1.95	3	农田防护林	人工林	水杉	幼龄林	4	6	64	2
9	0478	9.30	3	农田防护林	人工林	水杉	成熟林	14	22	66	151
10	0481	4.20	3	农田防护林	人工林	针阔混交	中龄林	5	10	68	9
11	0482	1.35	2	其他水源涵养林	人工林	水杉	中龄林	12	18	67	18
12	0483	2.10	3	其他水源涵养林	人工林	香樟	中龄林	10.5	22.2	59	24
13	0484	6.00	3	农田防护林	人工林	针阔混交	中龄林	6	12	66	13
14	0485	5.70	3	农田防护林	人工林	水杉	成熟林	14	22	66	91
15	0486	1.50	3	其他水源涵养林	人工林	香樟	中龄林	9.9	21.4	63	17
16	0489	12.75	3	其他水源涵养林	人工林	阔叶混交	中龄林	6	8	62	18
17	0491	1.80	3	其他水源涵养林	人工四旁林	香樟	中龄林	9	20	58	17
18	0493	1.80	2	其他水源涵养林	人工林	女贞	幼龄林	5	10	66	4
19	0501	4.95	3	农田防护林	人工林	水杉	成熟林	14	22	66	103
20	0502	6.00	3	农田防护林	人工林	水杉	成熟林	14	22	66	125
21	0504	8.70	3	农田防护林	人工林	水杉	幼龄林	4	5	66	8
22	0507	9.00	3	农田防护林	人工林	水杉	成熟林	14	22	66	187
23	0510	8.25	3	农田防护林	人工林	水杉	成熟林	14	22	66	172
24	0515	7.50	3	农田防护林	人工林	水杉	成熟林	14	22	66	157
25	0519	5.40	3	农田防护林	人工林	香樟	中龄林	10	22	63	64
26	0539	4.80	3	农田防护林	人工林	水杉	成熟林	14	22	66	100
27	0540	3.30	3	农田防护林	人工林	阔叶混交	中龄林	8	16	66	19
28	0559	3.00	3	农田防护林	人工林	香樟	幼龄林	6	12	45	7

注:1 亩＝(10 000/15)m²。

2. 园区植物群落结构分析

崇明岛植物群落构成具有明显的集聚性水杉群落,且其占比很大,而作为上海地带性植被的常绿阔叶混交林却很少。一方面,其单一化的群落抗逆性差,可能带来灾难性损失和病虫害暴发;另一方面,单一化的群落易排挤周边群落,地带性植被有可能被吞噬。

1) 群落结构层次不完整

每一种植物群落应有一定的规模和面积,且具有一定的层次,才能表现出群落的种类组成和景观丰富度。结构和层次较为丰富的园林植物群落不仅有助于丰富绿地的生物多样性,使种间互补,从而充分利用环境资源,又能形成优美的景观。

园区现状树以水杉林为主,层次结构单一且植物群落的林冠线近似于一条水平线,缺乏高低起伏变化,降低了观赏价值。另外,部分群落存在结构层次不完整的情况,即群落的物种多样性、丰富度及生态系统特色、意境和群落的生态效益缺乏。

2) 群落季相变化不足

大部分植物群落没有较为显著的四季变化,同时群落外观颜色较为单调。这主要是因为首先花博会园区现状大部分为基本农田,植物群落单一,群落的植物形态、质感变化均过于简单。其次,长三角地区秋季时间短,而能在此期间有明显叶色变化的植物种类较少。

3. 园区植物多样性发展与群落结构优化途径

为了有效发挥群落的生态服务功能,除了出于保护自然生境而保护地带性植被外,在坚持适地适树原则的前提下,亟待丰富群落的结构层次,并建设群落结构完整、物种多样性丰富、生物量高、趋于稳定状态、后期少人工管护的植物群落,从而间接保护当地的地带性植被。

1) 适地适树,营造地方特色

根据园区现有的植物群落结构可知,花博会园区内大部分的植物为乡土树种,但树种单一、树种少,亟须提升乡土木本和乡土灌木种的丰富度。另外,由于乡土植被的丰富度会直接影响其他生物的多样性,所以保护并增加地带性植被——常绿落叶混交林,保护生物栖息地,可为人工绿地的建设提供丰富的种质资源。同时,可增加观赏价值较高的优势乡土树种,如朴树、女贞、榉树、乌桕、栾树等。

2) 挖掘植物特色,丰富植物种类

物种多样性是生物多样性的基础。因此,在植物群落构建时,应尽量挖掘植物的各种特性,做到合理搭配应用。建议根据植物的观赏特性增加适应崇明岛气候的色叶类树种和观花乔灌木,如乌桕、银杏、乐昌含笑、无患子、重阳木、广玉兰、三角枫、红枫和鸡爪槭等。

3）构建丰富的复层植物群落

每一种植物群落应有一定的规模和面积且应有一定的层次，如此才能体现出群落的种类组成和景观丰富度。重视植物配置，借鉴崇明岛地带性植物群落的种类组成、结构特点和演替规律，进一步开发利用绿地空间资源，根据不同植物的生态幅，构筑和拓展植物的生存空间，通过合理配置乔、灌、藤和草本植物，丰富林下植物，增加群落物种种类，形成疏密有度、障透有序、高低错落的植物群落层次结构以及丰富的色相和季相。同时，通过这些复层结构的群落可形成多样化的小生境，为动物、微生物提供良好的栖息和繁衍场所，招引鸟类等野生动物入城，提升生物多样性，改善绿地系统的自我维持机制，提高崇明岛城镇绿地系统的抗逆性和稳定性。

4）重视生态规律，合理配置植物群落

根据第十届花博会园区不同功能区域的特点构建不同的植物群落。在道路、建筑、水系等隔离林、背景林或防护林区域设计多种植物种类，多结构、多层次布局，建设群落结构完整、物种多样性丰富、生物量高、趋于稳定状态、后期较少人工管护的"近自然林"。以生态效应为主，兼顾景观效应，根据不同的功能类型，采用乡土树种和景观树种相结合的模式，发挥各自功效。建立和完善相应的种植养护技术体系，提倡近自然的管理模式，尽可能地使整个绿、林地处于自然生长的状态，以取得管理成本低、效率高的效果。

水体周围的绿化宜选用体量较大的能够遮阴的落叶树种，如垂柳、枫杨等。同时，可以增加季相变化明显、耐水湿的落叶树种，如无患子、乌桕等。这些树种对土壤要求不严格、根系发达，不仅适合粗放管理，也能抵御崇明岛可能遇到的台风等自然灾害。另外，林下可种植大叶黄杨、海桐等耐阴灌木，水边栽植黄菖蒲、芦竹等耐水湿植物，以增加群落的多样性。

道路旁群落的设计必须符合不同道路的特点，一级和二级园路选择分支点高、树形开展冠大荫浓的落叶乔木，三、四级园路可采用自然与规则相结合的设计理念，构建生态景观林。

在建筑周边的绿化应为游客提供乘凉、休闲、遮阴的场所，群落应具有较好的景观效果和较高的亲绿度，所选树种应具有生长健壮、树型优美或花（果）鲜艳、群落发育正常等特点。

2.2 花博会园区总体规划设计

2.2.1 总体要求与设计目标

在第十届花博会五大办博理念的引领下，花博会园区设计应充分展现生态特色、上海水平、大国风范,且朝着规划好、建设好、服务好、运营好四个目标出发,打造成规模最大、品质最优、创意最新、技术最前沿的世界级花卉博览会。

此次第十届花博会规划建设成为"崇明中部崛起的重要功能区;面向世界、服务全国的花卉博览创艺区;低碳环保、持续发展的绿色经济承载区;尊重自然、启迪未来的生态文明先行区"。

2.2.2　规划愿景

近期愿景是提升周边配套及基础设施,利用场地自然资源禀赋的优势,整合国内外设计资源,打造规模最大、品质最优、创意最新、技术最前沿的世界级森林花卉博览会。远期愿景是作为东平生态主导型城镇圈的重要组成部分,以建设5A级景区为目标,以"崇明世界级生态岛"为命题,努力建设成为崇明地区"生态旅游新地标、花卉产业新驱动、科技研发新高地、绿色发展新典范",充分发挥市场主体作用,放大花博会的经济效益和社会效益,注重永续的发展与规划。

1. 三个创新

(1) 办展理念的创新,充分考虑花博会时与花博会后的发展。

(2) 展示形式的创新,传统造园景观方式向花园式、花园主题式、沉浸式等多维度转变,运用多种展示手段,增加植物展示面、增强互动性、提升体验感。

(3) 展示内容的创新,"大地艺术园+大师创意园+植物主题园+市民创意园+地方特色园+企业形象展示园+国际园"的多样化展示内容,室内与室外相结合、科技与生活相结合。

2. 三个营造

(1) 生态基底营造,延续水田水网机理、保护利用现状植被。

(2) 生态多样性营造,在减少对现状干预及加强保护的前提下,丰富植物种类,适地适树、涵养水源、构建防护林为动物提供栖息地,丰富物种多样性,构建稳定的生态系统。

(3) 生态设施营造,运用海绵城市技术,对场地做到低影响开发和可持续利用,并采用雨水回收技术、节能技术、新能源技术、垃圾回收技术等多种新技术,构建绿色生态的花博会园区。

3. 三个可持续

(1) 绿色可持续:考虑远期发展和生态系统营造,为植物生长预留空间,满足植物生境需求,未来形成天然生态系统。

(2) 功能可持续:在空间设计上充分考虑后续利用,适当留白,为后续发展提供施展空间。

（3）经济可持续：构建崇明花卉产业、产学研展销协同。

2.2.3 竖向设计

1. 设计原则

1）确保花博会时绿化种植效果

大花核心区花卉及重要节点花卉的种植使用配生种植土；容器苗栽植区域使用配生种植土。大花核心区营造丰富的地形变形以满足观赏需求。

2）满足植物生长需求

园区地下水位 3.0 m，景观乔木一般正常生长要求的覆土厚度约 1.5 m，环线内以 4.5 m 为基准进行竖向设计。

3）满足海绵城市、SITES 认证需求

根据海绵城市及 SITES 指标需求，全园范围营造地表排水坡度，设置雨水花园、湿地、水泡、生态植草沟等。

2. 设计方案

园内竖向深化设计中为满足花卉和乔木的生长，结合场地内的土方平衡，提出园区内土方方案。场地平均标高 3.6 m，大花核心区在 4.5 m 的基础上进行地形塑造，最高点至 7.5 m，从而形成多样的地形变化。营造集花海、花谷、花丘、花坡、花溪、花境于一体的不同花卉游赏空间展示，响应第十届花博会"花开·中国梦"的主题。国内、国际、企业及花协分支机构区域在 3.6 m 的现状标高基础上，将增加土壤至 4 m，在满足植物正常生长的前提下，尽量减少土壤使用，同时在部分景点处塑造微地形，以提升体验感。大花环路和外环路作为园区主要干道其标高设置在 4.5 m，以满足与周边市政道路的衔接。园区竖向设计方案详见图 2-1。

场地内部尽量做到土方平衡，外进土壤以满足乔木生长的种植土和满足花卉种植的配生土为主。通过地形和乔灌草的合理搭配，营造出起伏变化的地形，从而丰富观赏角度，为花卉展览提供多样的空间形式。

2.2.4 生态水系整治

1. 现状

花博园园区所在地的现状是多为林地、农田、鱼塘、村庄，地势平坦，一般地面标高在 3.54～4.54 m。潜水稳定水位为地面下 0.7～1.4 m，绝对标高在 2.24～3.2 m。现状河道生态本底较好，但防汛标准偏低，未达到防汛除涝规划要求；水系布局不尽合理，部分不连通，水面率较低，仅为 7.6%；河湖水位变化幅度较大，影响沿河湖景观布置；水体透明度

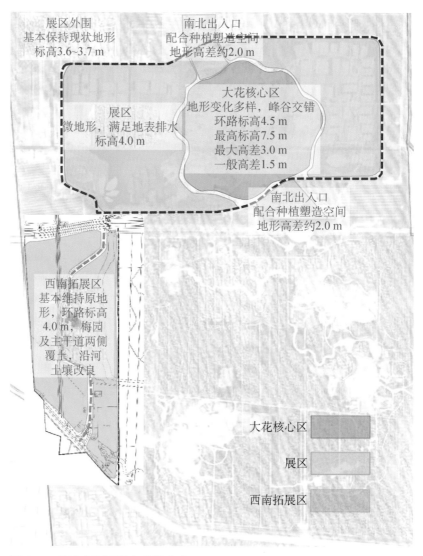

展区外围
基本保持现状地形
标高3.6~3.7 m

南北出入口
配合种植塑造空间
地形高差约2.0 m

展区
微地形，满足地表排水
标高4.0 m

大花核心区
地形变化多样，峰谷交错
环路标高4.5 m
最高标高7.5 m
最大高差3.0 m
一般高差1.5 m

南北出入口
配合种植塑造空间
地形高差约2.0 m

西南拓展区
基本维持原地
形，环路标高
4.0 m，梅园
及主干道两侧
覆土，沿河
土壤改良

大花核心区

展区

西南拓展区

图 2-1　花博会园区竖向设计方案

低，水环境容量低，生态系统脆弱，存在富营养化风险等问题。

2. 整治范围及内容

为配合花博会园区建设及展呈需要，实施了生态水系整治工程。本次生态水系整治范围之一位于花博会园区的中北部（蓝色区域），北至东风小横河，西至花博会园区边界，东至张网港，南至东平森林公园北边界及洪林河，总面积为 3.3 km²，如图 2-2 所示。花博会园区为独立控制区，区内控制高水位为 3.4 m，控制低水位为 2.5 m，常水位为 2.8~3.0 m。

花博会园区内水系整治内容包括 3 个湖（玉兰湖、牡丹湖、梅湖）和8 条河道（花博中心河、东风小横河、花甸河、花田河、复兴河、护花河、花毯河、华夏河）的河湖整治、水生态修复和景观绿化等。

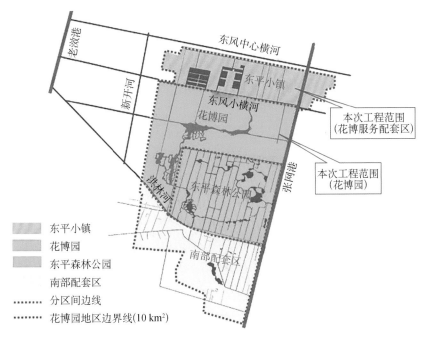

图 2-2　花博会园区地区范围示意

3. 生态水系整治目标

1）提高区域防汛除涝安全能力

工程区域水面率低,河道坍岸淤积,水深较浅,调蓄能力差,当前河堤顶的相对高程较小,河道规模未达到防汛除涝规划要求。花博会园区开发建设用地增加,地面硬化率提高,雨水下渗量减少;花博会召开期间正值汛期,防汛压力较大。通过整治工程扩大水面积,以提升水面率,满足规划水面率的需要;增加调蓄容量,以提高区域防涝能力。

2）提高区域水质标准,改善水环境

将园区周边水系与园内水系一起集中连片治理,通过河湖清淤、驳岸加固、生态净化、建设植被缓冲等措施,实现水质达标、改善周边水环境的目的,从而展现崇明世界级生态岛的建设成果。

3）修复水生态系统,提高水环境承载能力的需要

工程区域生态系统脆弱,河道两岸植被覆盖率低,对面源污染的消减能力相对较弱。河道泥沙含量大,水体浑浊,透明度低,虽然水质可维持在Ⅲ～Ⅳ类水平,但生态系统不完善,水体丧失自净能力,长期面源污染汇入,积累水体存在潜富营养化风险。通过生态系统的修复以构建健康的水生态系统,实现水环境改善的目标,形成花博会所在地区及外围的水系水质改善及生态修复长效保持机制。

4）提升水景观,呼应花博会主题,满足生态文明建设需要

现状项目区域河湖水位变化幅度较大,水景观效果较差。生态水系

整治工程在改善水环境的基础上,以水系为纽带,依托"清水"美景,营造"水草悠悠、河水钟灵"的水域景观,以线串点,呼应园区"百花争艳、芳香满园"的陆域景观,从而绘制出一幅完整的"岛上花海"图,以契合第十届花博会的主题。

4. 花博会园区水系布局

花博会园区水系总体采取"一区 、三湖、两横、六纵"的布局。一区:花博会园区;三湖:玉兰湖、牡丹湖、梅湖;两横:花博中心河、东风小横河;六纵:花甸河、花田河、复兴河、护花河、花毯河、华夏河。在湖区设置湿地或水森林,以构建水系不同的生境地貌。同时,以花博中心河及相连的湖泊作为骨干中心河道,使南北向的河连通。围绕"花开·中国梦"的主题,在整个花博会园区,通过花田、花溪构建梅、兰、荷、菊等名花造型,营造"百花争艳 、芳香满园"的意境。另外,为构建高标准的花博会园区水系,将园区内的河道适当拓宽,局部形成湖泊、湿地或水森林,从而扩大水面积、形成水景观、改善水生态。规划水面率为 10.61%。

5. 水生态修复工程

花博会园区水系生态修复范围涉及水域面积约 31 hm²。现状是存在补水质不稳定、泥沙含量较高、水体中沉水植物缺乏、环境容量小、自我消纳污染物的能力弱等问题,花博会园区周边场地硬化程度高,存在大量外源污染(如养殖饲料、鱼类粪便、地表径流、大气沉降等)。综合多种生态治理手段,通过以沉水植物群落构建为主,辅以挺水植物群落等工程,营造"草型清水态"系统,实现水体生态功能的强化,从而提高水域生态系统净化功能的稳定性。其中,设计沉水植物群落共 14.03 万 m²,包括矮型苦草 7.4 万 m²、改良刺苦草 1.9 万 m²、龙须眼子菜 4.7 万 m²。在项目水域岸线周边涉水区域布置以路易斯安那鸢尾、慈姑、旱伞草、梭鱼草为主的挺水植物带,根据现有水深及分区,通过搭配花色繁多、高低错落有致的挺水植物来形成水上水下联动的美景。

6. 绿化工程

1) 花博会园区河道绿化设计

(1) 园区堤顶绿化宽度为 6 m 护岸

上层以色叶大乔木为骨架树种,进行"品"字形种植,打造秋色叶林荫效果;中层片植开花小乔木,点植常绿小乔木、灌木(金桂、女贞、海桐球、大叶黄杨球),增加滨水空间的观赏效果;下层片植开花地被与常绿开花灌木(如杜鹃、金丝桃、二月兰等);滨水区域以耐水湿花卉(鸢尾类 、菖蒲类)来打造花带景观,重点区域结合挺水植物(再力花、梭鱼草、旱伞草、美人蕉等),共同构建多层次、色彩丰富的滨水景观空间,如图 2-3 所示。

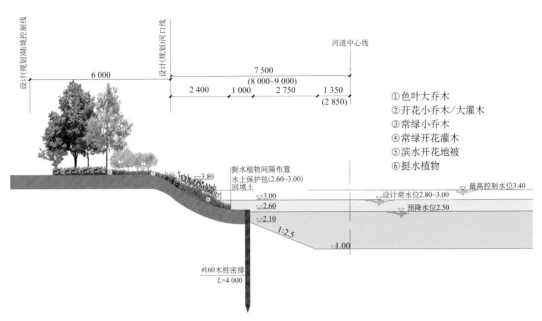

图 2-3　6 m 绿化带绿化效果图

（2）园区堤顶绿化宽度为 3 m 护岸

上层沿水岸散点滨水景观乔木；中层穿插点植开花小乔木或秋色叶树种（如桃花、海棠、晚樱、溲疏、红枫、鸡爪槭等），滨水空间沿草坡散置开花灌木（如云南黄馨、迎春、连翘等）；下层片植开花地被、常绿开花灌木、草皮；滨水区域主要种植挺水植物（再力花、梭鱼草、旱伞草、美人蕉等）并点缀浮水植物（荷花、睡莲等），共同打造"自然式""乡土式"的滨水景观空间，如图 2-4 所示。

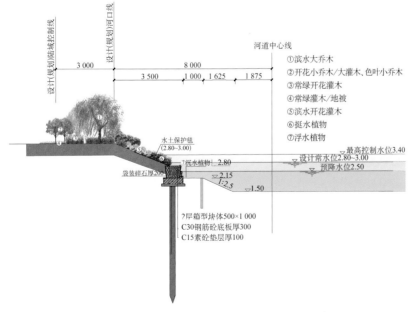

图 2-4　3 m 绿化带绿化效果图

2）花博会园区滨水植物景观带主题分区设计

对于花博会园区内滨水景观的植物配置,根据不同地段的景观风貌可大致分为三大主题:梦回花洲、蒹葭水岸和绿意之境,以营造景观多样的滨水空间,具体内容详见本书"2.6.6 滨水景观带设计及营造"。

2.3 花博会园区功能区划及展陈布局

2.3.1 花卉展示分区

花博会花卉展示分为三大展区,分布详见表 2-3,布局如图 2-5 所示,功能分区如图 2-6 所示。

表 2-3 花博会花卉三大展区分布

展区名称		展园数量/个	布展面积/m²	占地面积/hm²
核心展区	艺术花田区	—		30
	花惠生活园	1	3 000	1.5
	花萃文化园	1	3 000	1.5
	花畅艺术园	1	3 000	2
	花创科技园	1	3 000	2
花艺展区	国内展区 31个省(区、市)+深圳市+港澳台地区	35	89 500	30
	花协分支展区	10	31 535	8
	国际、企业展区	49	27 900	6
特色展区	梅园	1	25 000	16
	菊园	1	14 000	
	荷园	1	20 000	
	兰园	1	10 000	
	玉兰园	1	46 000	
	竹园	1	10 000	
	水生植物展区	3	20 000	4
	花田展区	—	—	20
合计			305 935	121

图 2-5　展区布局

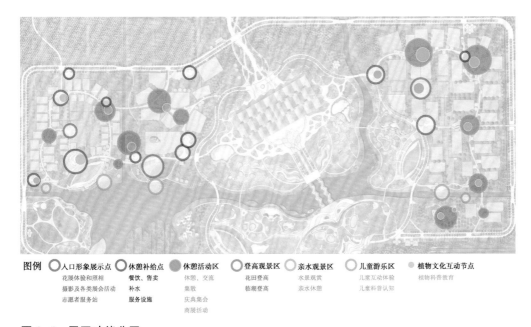

图例　○入口形象展示点　○休憩补给点　●休憩活动区　○登高观景区　◇亲水观景区　○儿童游乐区　●植物文化互动节点
　　　花展体验和照相　餐饮、售卖　休憩、交流　花田登高　水景观赏　儿童互动体验　植物科普教育
　　　摄影及各类展会活动　补水　集散　临湖登高　亲水休憩　儿童科普认知
　　　志愿者服务站　服务设施　庆典集会
　　　　　　　　　　　　　　商展活动

图 2-6　展区功能分区

（1）梦花园核心展区：展区内以各主题形式展现花惠生活、花萃文化、花畅艺术、花创科技和艺术花田。

（2）花艺展区：通过室内和室外展示各省（区、市）、深圳市、港澳台地区的国内花艺展区，以及花协分支展区、国际展区和企业展区。

（3）特色展区：北园和南园中的六园主题植物展区、北园的水生植物展区及花田展区。

2.3.2 国内展区

花艺展区中国内展区的布局主要依据我国行政区划分（图 2-7），从北至南规划为华北地区展园、东北地区展园、华东地区展园、华中地区展园、华南地区展园、西南地区展园、西北地区展园；香港、澳门、台湾组成港澳台地区展园；深圳展园归入华南地区展园。隔绿带原则上不大于10 m，但各展区组团间的隔绿带宽度大于 15 m。

	编号	展园面积/m²
华北地区展园	A1	4 500
	A2	1 500
	A3	3 000
	A4	3 000
	A5	3 200
东北地区展园	B1	1 500
	B2	2 000
	B3	3 000
华东地区展园	C1	5 000
	C2	2 500
	C3	2 500
	C4	3 000
	C5	3 000
	C6	3 000
	C7	3 000
华中地区展园	D1	3 000
	D2	3 000
	D3	3 000
华南地区展园	E1	2 000
	E2	3 000
	E3	2 000
	E4	2 000
西南地区展园	F1	3 000
	F2	1 800
	F3	2 000
	F4	2 000
	F5	1 500
西北地区展园	G1	3 000
	G2	2 000
	G3	3 000
	G4	2 000
	G5	1 500
港澳台地区展园	H1	2 000
	H2	2 000
	H3	2 000
总计		89 500

图 2-7　国内展区布局

2.3.3 国际展区、花协分支展区及企业展区

国际展区、花协分支展区及企业展区与西侧景观大道有机结合，形成滨水、花田、展区相结合的风貌景观，布局如图 2-8 所示。展区主要游

览路线内部结合公共区域适当拓宽；公共区域面积为 3 000～5 000 m²，
便于前期布展施工及满足花博会时游览过程中的功能需求。

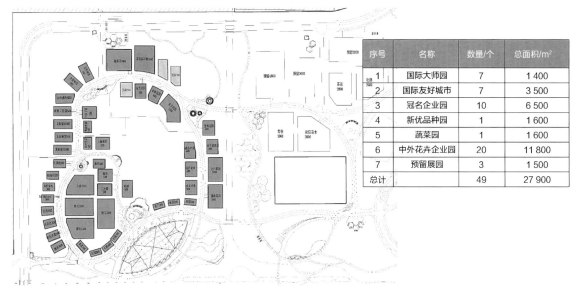

序号	名称	数量/个	总面积/m²
1	国际大师园	7	1 400
2	国际友好城市	7	3 500
3	冠名企业园	10	6 500
4	新优品种园	1	1 600
5	蔬菜园	1	1 600
6	中外花卉企业园	20	11 800
7	预留展园	3	1 500
总计		49	27 900

（a）国际、企业展区布局

序号	单位名称	面积/m² 室外展园
1	月季分会	3 000
2	杜鹃花分会	2 500
3	观赏苗木分会	3 000
4	茶花分会	2 000
5	梅花腊梅分会	4 000
6	荷花分会	3 035
7	零售业分会	3 000
8	预留展园	11 000
小计		31 535

（b）花协分支展区布局

图 2-8　国际、花协分支及企业展区布局

2.4　花博会园区交通游线组织

2.4.1　道路系统

　　园内交通深化设计过程中为了更好地为游客提供舒适服务，在园区
四个方向均设置了出入口和大型停车场，以满足游客私家车、旅游巴士

的停车需求和人员集散。在园内交通方面充分考虑了各方向游客的快速进园需求，以及东平森林公园的游客快速引导，最终形成以三大环路和西南拓展区的快速通道为主、园内4～6 m的二级道路为辅的交通总体布局。其中，外环道路采用"4+8+6"的断面形式，大花核心区环路采用"7+8+5"的断面形式，以满足花博会时交通组织及花车巡游。同时，各景点和展园以三级道路、漫步道等丰富的道路形式来增加游客的体验感。

设计三条主要游园线路。第一条以外环道路形成一条采用新能源巴士进行接驳的线路，全长约5 km，途中设置多个站点以满足游客快速到达主要景点和展园的需求。

第二条游园线路以梦花园核心区环路为主，形成全长约3 km的绣球花道，同时满足花车巡游的需求。

第三条游园线路从西南拓展区到展区主入口附近，全长约4 km，便于观光巴士将游客快速引导至主展区入口附近。

展区内的道路以次级道路及人行道路为主。游客步行可到达各展区景点。

在救援医疗方面，考虑以外环路和各应急通道并结合各主要出入口作为园区救援的主通道，并在园区内设置3处医疗救助点，以供展会期间临时救治和处置突发事件使用。在花博会园区北侧设置两条应急疏散通道，西侧入口处设置一条应急疏散通道，东侧则借助后勤通道作为应急疏散通道，同时各主要出入口皆可作为应急疏散通道。园区内主要的广场、公共空间、建筑周边广场、入口广场均可作为应急避难场所使用。

在场地运维管理方面，借助园区内主要道路，主要以外环路、内环路为主，并与西侧和东侧入口衔接。其中，东侧作为后勤服务主要出入口使用，西侧则作为辅助后勤服务管理使用。

园区总体规划时，将服务设施与道路系统规划结合起来考虑，使游客能够快速便捷地到达服务设施。另外，服务设施对于功能设计进行了充分考虑，主要设置了问讯处、租赁处、失物招领处、寄存处、人工售票处、自动售票处、验票机、安检处、团队接待处、VIP接待处、热线服务点、广播服务点、母婴中心、医疗急救点、志愿者服务岗亭、直饮水点、热水点、厕所、休息座椅、餐饮售卖点、特许商品经营店、休息室等，通过沿路多种形式的标识系统将游客引导至所需的服务设施处。园区道路系统规划如图2-9所示。

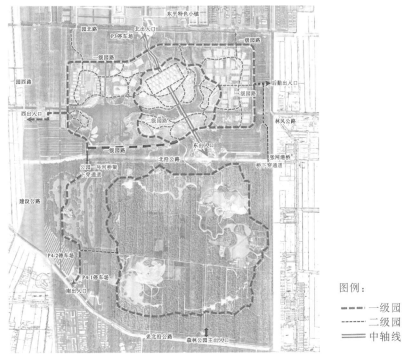

图例：
- - - - 一级园路
- - - - 二级园路
===== 中轴线

图 2-9 道路系统规划

2.4.2 出入口分析

园区共设有 6 个主次出入口、2 个后勤出入口、3 个 VIP 出入口和 2 个应急出入口，以实现花博会期间的大客流进出和疏散功能。园区内外交通衔接平面图如图 2-10 所示。

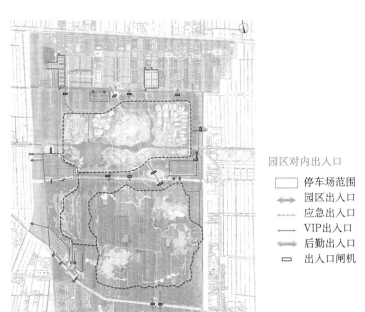

园区对内出入口

- ⊡ 停车场范围
- ⟷ 园区出入口
- ⟵⟶ 应急出入口
- ⟶ VIP出入口
- ⟷ 后勤出入口
- ⊡ 出入口闸机

图 2-10 园区内外交通衔接平面图

2.4.3 停车场布置及出入口人流和广场分析

会展广场面积有效系数按 1.2 人/m²。停车场布置分析详见表 2-4，出入口人流量分析详见表 2-5，出入口广场需求分析详见图 2-11。

表 2-4 停车场布置

停车场	编号	专线车泊位/个	大巴泊位/个	小车泊位/个	出租车/辆	占地/万 m²	高峰小时人流/(人次·h⁻¹)	人流量百分比
东侧	P1	700	0	0	60	7.5	14 526	48%
西侧	P2	0	0	3 300	60	12.1	3 867	13%
北侧	P3-1	0	0	1 000	0	3	990	3%
北侧	P3-2	0	0	1 500	0	5.3	1 485	5%
北侧	P3-3	0	400	0	0	4.3	6 600	22%
南侧	P4-1	0	0	800	0	2.5	792	3%
南侧	P4-2	0	0	1 900	0	6.5	1 881	6%
合计		700	400	8 500	120	41.2	30 141	100%

表 2-5 出入口人流量

入口	高峰小时人流/(人次·h⁻¹)	人流量百分比
主入口	14 526	48%
西入口	3 867	13%
北入口	9 075	30%
南入口	2 673	9%
合计	30 141	100%

图 2-11 园区出入口广场需求分析

2.5 花博会园区植物景观生态规划

2.5.1 植物规划设计理念——森林中的花博会

1. 林地搬迁与就地保护

为满足规划区域的需求,将设计范围内部分林地进行迁移,同时也兼顾了花博会建设及现状苗木留存的需求。

1) 涉及范围

花博会园区林地专项调整范围占地面积约 $317\,hm^2$,东至林风公路、张网港,北至东风公路,西至园西路,南至老北沿公路及其以南建设镇部分地区。

2) 设计思路

根据实际调查踏勘情况、花博会园区总体规划设计总图和各苗木的胸径高度,逐个核对可保留、迁移栽、采伐的林木。

综合花博会园区绿化规划结构,建议将花博会园区内的使用林地恢复到园区核心区外围的防护林区域中,既可形成背景,又利于后续管理。

因花博会园区小班号数量较多且较为平均地分散于场地内,使用林地的恢复范围建议分成三个区块进行设计。

3) 设计原则

最大化地保留现状苗木,特别是现状效果好的林木可考虑与总体规划设计协调解决;尽可能地减少砍伐苗木的数量,以保证场地内部的生态性;移栽的苗木品种因受季节性影响,应分时段地进行分拨迁移,保证其存活率;花博会园区的补植苗木可以不限于原有苗木品种,但需保证新的苗木品种的胸径、高度、冠幅均优于原有苗木,以保证花博会园区的会期效果。

4) 花博会园区使用林地异地恢复设计方案

根据花博会园区建设情况及现状林木的实际情况,拟将使用林地恢复到如图 2-12 所示的黄色区域即 01、02、03 这三大范围,约 9.98 万 m^2。其中,东侧区域的使用林地主要与花博会园区建设规划方案中的国内展区、主轴景观设计、复兴馆、蝶恋花覆土建筑以及其他设计场地、道路、设计地形相冲突,故集中统一恢复到图 2-12 中 01 范围内的 a/b/c/d/e/f/g/k 地块,同时也作为园区的背景生态防护林带,提高景观使用效率。西北区域的使用林地主要与花博会园区建设规划方案中的国际展区、花协分支展区和企业展区以及景观水面还有设计地形相冲突,故集中统一恢复到 02 范围内的 h 地块。南部区域的使用林地主要受到新建停车场的制约,故需要迁移或采伐,就近恢复到 03 范围内的 i/j 地块。

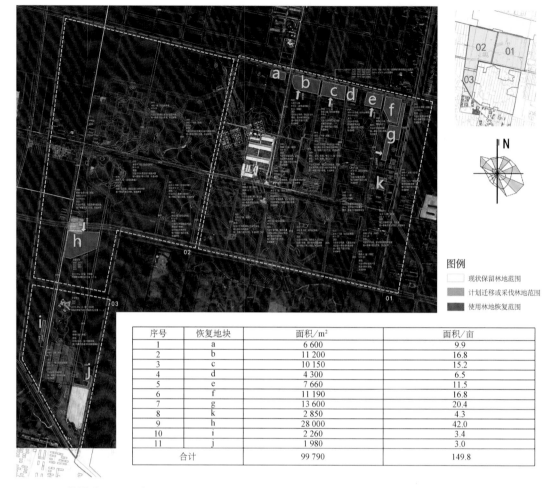

序号	恢复地块	面积/m²	面积/亩
1	a	6 600	9.9
2	b	11 200	16.8
3	c	10 150	15.2
4	d	4 300	6.5
5	e	7 660	11.5
6	f	11 190	16.8
7	g	13 600	20.4
8	k	2 850	4.3
9	h	28 000	42.0
10	i	2 260	3.4
11	j	1 980	3.0
合计		99 790	149.8

图 2-12　花博会园区配套服务区使用林地恢复图

注:1 亩 = (10 000/15)m²。

补植苗木中约 70% 为杉类,其余为耐水湿、耐盐碱性树种,且结合其他移栽苗木一起进行补植,尤其在重要观赏面选择姿佳、规格大的苗木。建议补植苗木汇总见表 2-6。

2. 森林感景观的营造

保留基地水杉林带,移栽 7 万多株全冠苗木,为整个花博会奠定绿色生态基础,烘托展会氛围。在近两年的建设中将现场逐步变成"绿树成林"的蔚然景观。

花博会园区最大化地保留了现状苗木,特别是现状效果好的林木,尽可能地减少砍伐苗木数量,以保证场地内部的生态性。在原有 1.9 万株现状树基础上,共计保留现状苗木约 1.3 万株。主要保留的苗木为现状水杉林带,在苗木品种的选择方面,充分体现适地适树原则,绝大部分为乡土树种,如乌桕、栾树、榔榆、朴树、榉树、香樟、女贞、桂花,不仅提高了植物存活率,亦提升了场地的生态性。

表 2-6 建议补植苗木汇总

树种名称	补植面积/m²	补植百分比	株距/m	补植棵树预估/株	胸径/cm	高度/cm	冠幅/cm	备注
中山杉 A	5 088	8%	3.5	405	10.1~12.0	451 cm 及以上	201 cm 及以上	全冠
中山杉 B	7 632	12%	3	850	7.1~8.0	451 cm 及以上	151 cm 及以上	全冠
落羽杉 A	1 272	2%	3.5	102	10.1~12.0	501 cm 及以上	201 cm 及以上	保留 3 级以上分枝
落羽杉 B	2 544	4%	3	280	7.1~8.0	401 cm 及以上	151 cm 及以上	保留 3 级以上分枝
水杉 A	6 360	10%	3.5	510	10.1~12.0	601 cm 及以上	201 cm 及以上	保留 3 级以上分枝
水杉 B	12 720	20%	3	1 415	7.1~8.0	401 cm 及以上	151 cm 及以上	保留 3 级以上分枝
池杉 A	3 180	5%	3.5	255	10.1~12.0	451 cm 及以上	201 cm 及以上	保留 3 级以上分枝
池杉 B	6 360	10%	3	705	7.1~8.0	451 cm 及以上	151 cm 及以上	保留 3 级以上分枝
朴树 B	1 272	2%	6	35	22.1~25.0	551 cm 及以上	451 cm 及以上	保留 5 级以上分枝
朴树 C	5 088	8%	4.5	250	12.1~14.0	551 cm 及以上	401 cm 及以上	保留 3 级以上分枝
乌桕 D	5 088	8%	4.5	250	14.1~16.0	451 cm 及以上	351 cm 及以上	保留 3 级以上分枝
女贞 B	6 360	10%	4.5	315	14.1~16.0	401 cm 及以上	351 cm 及以上	保留 3 级以上分枝
紫叶李 B	636	1%	2.5	100	D6.1~8.0	301 cm 及以上	251~300	保留 3 级以上分枝
合计	63 600	100%	—	5 472	—	—	—	—

3. 容器苗在展会型景观植物中的应用

第十届花博会以"花开·中国梦"为主题,不仅集中展示了上海花卉行业发展的总体成就,也为崇明生态岛建设提供了绿色力量。骨架树以大规格乔灌木为主,保证开园"成林"效果,为花卉展示提供良好的背景。花博会园区苗木栽植数量总计 7 万株,其中容器苗共 39 550 株,包含容器苗基地储备制作 9 450 株和花博会园区公共区域绿化设计容器苗 30 100 株,品种多达 130 余种。

1)主要产地和品种

由于第十届花博会对景观效果要求较高,项目采取多专业交叉施工,且乔灌木种植时间紧,需要确保植物材料进场最好一次成功保证成活,以达到短时间成景的要求。因此,苗木提升多采用容器苗,土球大小要求达到胸径的 6~8 倍,通过合理控制土球大小的尺寸,尽可能地保留更多的植物根系,实现大树的全冠移植,从而在会展期间达到最好的景观效果。

应用容器苗以本地苗木、乡土苗木为主,以确保提升方案的可实施性。园区内大量应用的绿化树种主要包括榉树(2 405 株)、黄山栾树(2 497 株)、银杏(1 748 株)、朴树(946 株)、无患子(1 298 株)、椰榆(512 株)、娜塔栎(793 株)、樱花(1 286 株)、香樟(1 616 株)、香泡

（540 株）、樟叶槭（608 株）、桂花（1 290 株）、紫薇（1 174 株）等，设计量为 14 122 棵，占设计容器苗量的 46.9%。常绿乔木 5 431 株、常绿灌木 1 920 株、落叶乔木 17 067 株、落叶灌木 5 682 株，落叶与常绿比约为 3∶1，适当增加落叶树的比例，兼顾四季景观。乔灌木容器苗的品种名录见表 2-7。

表 2-7 乔灌木容器苗品种名录

分类	种类
造型类	造型黑松、红花檵木桩、紫薇桩"国旗红"、造型罗汉松、造型黄杨
常绿乔木	雪松、白皮松、湿地松、日本柳杉、棕榈、香樟、香橼、广玉兰、乐昌含笑、女贞、金桂、四季桂、银桂、红叶石楠、石楠、浙江楠、红果罗浮槭、樟叶槭、紫果槭
常绿灌木	厚皮香、柑橘、新干蜜橘、枇杷、杨梅、胡柚、山茶、新含笑、紫花含笑、夹竹桃、无刺枸骨
落叶乔木	榉树、黄山栾树、栾树、悬铃木、银杏、朴树、榉树、榔榆、乌桕、枫杨、无患子、重阳木、杂交马褂木、毛梾木、黄连木、合欢、三角枫、宁波三角槭、鸡爪槭、红枫、河桦、垂柳、皂荚、黄金柳、红豆树、七叶树、红花七叶树、柳叶栎、水栎、娜塔栎、弗吉尼亚栎、欧洲小叶椴、心叶椴、鹅耳枥、丝棉木、国槐、柿树、紫薇、巨紫荆、美国红枫、元宝枫、金枝国槐、白玉兰、望春玉兰、二乔玉兰、武当玉兰、常春玉兰、星花玉兰、山玉兰、玉灯玉兰、丹馨玉兰、娇红 1 号玉兰、"大红"玉兰、红笑星玉兰、紫霞玉兰、"红运"玉兰、红脉玉兰、红霞玉兰、"黄鸟"布鲁克林玉兰、飞黄玉兰、红吉星玉兰
落叶灌木	日本早樱、日本晚樱、樱桃、紫叶李、接骨木、花石榴、垂丝海棠、雪坠海棠、北美海棠、海滨木槿、中国雪纺木槿、薰衣草雪纺木槿、柽柳、风箱果、木本绣球、珍珠绣线菊、蝴蝶荚蒾、四照花、西府海棠、紫丁香、紫荆、紫穗槐、醉鱼草、红王子锦带、水杨梅、蜡梅、紫藤、紫玉兰、美人梅、丰后梅、宫粉梅、朱砂梅、绿萼梅、骨红梅

2）容器苗设计应用的当地适应性

容器苗具有适应性强、可全年移栽等特点，但上海崇明地区冬季干冷，盛行偏北风且风力较大，土壤盐碱度相对较高，地下水位高，第十届花博会种植的香泡、柑橘、含笑类和玉兰类及竹类等喜酸类不耐水湿和低温的容器苗表现相对较差。表现良好的容器苗主要有乡土树种乌桕、榉树、黄山栾树、榔榆，以及外来树种栎树类、槭树类、红枫、鸡爪槭等。对于容器苗品种的推广应用，首先应以乡土树种为主，并根据不同品种的特征结合排盐、保温等施工措施，增加植物的当地适应性，从而体现出最好的景观效果。

3）依托容器苗推进新优植物应用

裸子植物中山杉、东方杉、水杉、池杉等大部分为速生类苗木，第十届花博会中没有应用杉类容器苗，但杉类等裸子植物的树型与阔叶树不同，新品种的彩叶树种常年可观赏，如南洋杉、水松、金叶水杉、美国花柏、蓝冰柏、日本柳杉等。为确保种植方案的可实施性，应多采用市场上的常规品种，但设计的夏蜡梅、灯台树、江南桤木、"红云"山楂、紫叶黄栌等树种，由于市场没有苗源最终被取消。因此，建议市场上应加强对新优容器苗品种的推广力度，以快速提高上海园林绿化水平。

2.5.2 花博会"生态、节俭"办展理念下的园区绿化树种规划

1. 体现节俭原则：适应性、低养护性、长效性

公共区域基础绿化中整体乔木品种遵循适应性原则，选择以崇明本地乡土树木为主，结合花博会期间的即时效果，为花博会景观绿化增添亮点，体现植物景观的长效性。

项目设计中观花观叶植物占比高，其中观叶植物占 53.4%，例如常年异色叶有红枫、金叶接骨木、金叶国槐、紫叶李、美人梅等，秋色叶变红树种以鸡爪槭、美国红枫、乌桕为主，秋色叶变黄树种有娜塔栎、三角枫、无患子、银杏、马褂木、黄山栾树、榉树等；观果植物占 30.2%，以槭树科的红枫、鸡爪槭、三角枫为主要观赏品种；观形态植物占 24.6%，以松柏科等常绿乔木及黄杨科等造型修剪植物为主；观枝干植物占 34%。部分植物观赏特征多，例如河桦、美国红枫，既可观干又可观叶；又如七叶树、北美海棠，既可观叶又可观花；再如马褂木、三角枫、紫果槭、红果罗浮槭、樟叶槭、紫叶李，则可观叶又可观果。花博会园区彩化树种设计如图 2-13 所示。

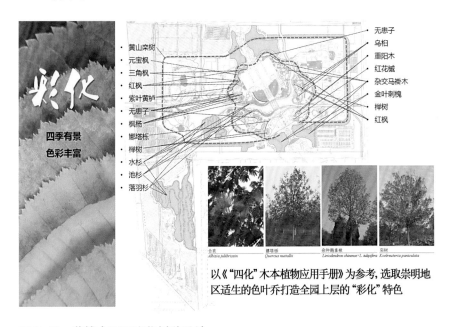

图 2-13　花博会园区彩化树种设计

最具代表性的是尝试运用了红豆树、欧洲小叶椴、红花七叶树、红果罗浮槭、浙江楠、欧洲鹅耳枥、弗吉尼亚栎、金叶水杉、四照花等新优树种。这些品种主要集中在以大花核心区为代表的景观林带内，在保证景观效果的前提下，让参观花博会的游客能认识更多的新优植物品种。

公共区域的花卉设计细分为常规型花卉(包含在基础下木绿化中)设计和精品花卉设计。花博会花卉设计分布如图 2-14 所示。

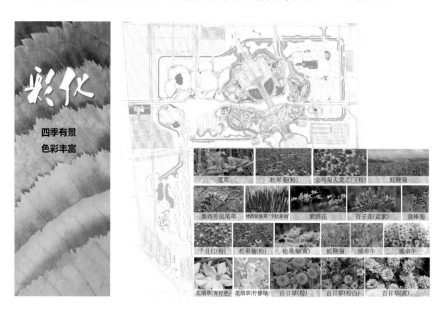

图 2-14　花博会花卉设计分布

常规型花卉设计主要体现普遍性、长效性和低养护性,以适应本地的中下层花灌木、多年生草本地被为主,涵盖在绿化设计的下木设计中,与上木所形成的绿化空间关系紧密。

精品花卉分为"一心(牡丹花海)""一轴(复兴主轴)""两环(特色中央景观花道)""多点(西入口花田、儿童花园、玉兰园等)"。花卉设计主要体现精致性、时效性,以一二年生花卉、应季效果较好的宿根花卉为主,采用专业花卉技术应用形式而构成的园区花卉景观基底、基调设计,服务于核心区、三大室外展区及各建筑场馆花展的氛围烘托。

2. 园区总体绿色生态基础营造和花卉特色展示

根据第十届花博会总体定位,以"花开·中国梦"为主题,以打造"森林中的花博盛会"为目标,以"林中花海"为总体花卉设计理念,构建"林"+"花"的绿化景观结构,营造森林中"百花争艳,芳香满园"的华美意境。依托东平国家森林公园现有的超大规模植物群落,以花卉为核心,打造具有崇明生态岛特色的花博会园区。

花博会园区北部园区为本次花博会主要花卉展示区域,北部园区总占地面积为 316 hm²,其中公共绿地总面积约为 137.6 hm²,绿化总体规划以乔灌木作为绿化基础营造,打造绿化基地,提高绿化总量,展示特色花卉,从而打造世界级生态岛的林中花海。花博会园区总体绿化结构如图 2-15 所示。

总体绿化结构

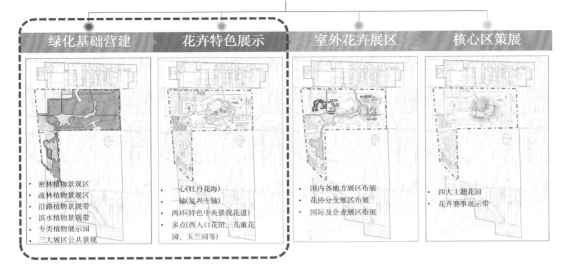

绿化基础营建	花卉特色展示	室外花卉展区	核心区策展
· 密林植物景观区 · 疏林植物景观区 · 沿路植物景观带 · 滨水植物景观带 · 专类植物展示园 · 三大展区公共景观	· 一心(牡丹花海) · 一轴(复兴主轴) · 两环(特色中央景观花道) · 多点(西入口花田、儿童花园、玉兰园等)	· 国内各地方展区布展 · 花协分支展区布展 · 国际及企业展区布展	· 四大主题花园 · 花卉赛事展示带

图 2-15 花博会园区总体绿化结构

绿化种植旨在通过疏密布局,打造出开敞、闭合的多种植物空间。空间布局由外向内、自远人端向近人端分为背景密林区、景观疏林区和活动草坪区,乔木密度自然降低,林相层次逐渐丰富。同时,根据游人活动及景观视线的可达性(可视可达区域、可视不可达区域和不可视不可达区域),合理配置植物群落结构。

1) 背景密林和景观疏林的景观区

背景防护林主要分布在场地四周,以崇明乡土树种杉类为主(例如水杉、池杉、落羽杉等条带混种,形成秋季的色彩深浅变化,且延长色叶期),不仅起到一定的防尘降噪功能,还保护场地内部的小环境,达到最终的绿化、效益化目的。林相结构为上层乔木+中层灌木及小乔木+下层地被草花。

景观疏林以注重景观效果为主,尝试多层次混交林的种植形式,并使用具有优良特性的园林植物,注重四季的景观变化和观赏性,形成变化丰富、层次错落有致的林冠线,使景观面达到彩化效果。林相结构为上层乔木+中层灌木及小乔木+下层地被草花。

涵养林形成以"杉类"乔木为主体,打造具有湿地特色的"杉林水影"的景观林带,可以有效起到引导凉湿气流的作用。林相结构为上层乔木+下层地被草花。

2) 沿路植物景观带

对于内外环行道树品种的选择,在设计初期主要考虑以下几点:①因地制宜、适地适树,在崇明当地乡土品种中做选择;②考虑花博会会期的效果,由于第十届花博会是在春末夏初举办,故考虑树形笔直、冠幅大可遮阴的乔木品种;③要求树形统一、分枝点高度易控制的品种,形成一环一景的道路景观。最终,结合市场资源确定榉树为内环行道树,它具有伞形树冠、高大挺拔、枝繁叶茂等特点;外环品种选定黄山栾树,它具有枝叶茂密、夏季开花、树形统一等特点。两环下木则由园艺八仙花、红掌、粉掌、向日葵、鼠尾草等精品花卉组成。

外环总长约 5 km,为人车分流设计,内侧为人行,外侧为车行,上木为 6 排栾树,形成简洁、大气的廊道景观。

内环总长约 2.7 km,亦为人车分流设计,内侧为人行,外侧为车行,上木为 6 排榉树,形成震撼、大气的廊道景观。

整体行道树冠大荫浓,为精品花卉提供适应的上层环境。增强森林感,强化"森林中的花博会"这种植物景观规划设计理念。

3)滨水植物景观带

滨水绿化设计提出的"为树生岛"体现了人与自然和谐共生。用世界上珍稀的孑遗植物——水杉,打造的"水杉森林"甚是壮观。西南拓展区大部分区域都紧邻水系,因此结合水系和田埂状地貌,将这一区域打造成水上森林的景观,以各类杉树为特色,包括水杉、池杉、落羽杉、东方杉、中山杉等,与不同品种的籽播花卉相结合,在东平森林公园的大环境中,营造出自然生态的郊野景观,同时也还原了崇明原有的生态景观风貌。沿牡丹湖至玉兰湖的滨水 14 hm² 景观花带,主轴两侧以鸢尾、千屈菜类修饰花岛、台地花坡和水岸花带。南北两侧以芦苇、大布尼狼尾草、细叶芒、坡地毛冠草、唐菖蒲条带状种植观赏草营造兼葭苍苍之景。

4)专类植物展示园

玉兰园针对玉兰类不同种及品种进行收集,运用园林景观造景手法进行植物配置,并在主入口区、道路交叉口等视线焦点处增加以夏季景观为主的花境,结合玉兰花纹铺装及玉兰镜廊等,从多方面丰富玉兰园景观,功能上兼顾游览观赏和科学普及。玉兰园共展示玉兰种及品种 17 个:广玉兰、白玉兰、望春玉兰、玉灯玉兰、丹馨玉兰、娇红 1 号玉兰、"大红"玉兰、紫霞玉兰、红脉玉兰、红霞玉兰、"黄鸟"布鲁克林玉兰、飞黄玉兰、武当玉兰、红吉星玉兰、红笑星玉兰、星花玉兰和紫玉兰,详见本书 2.7.1 节"花博会特色专类园规划设计"。

梅园作为一个长期的专类园,具有收集种植资源及科普的功能,设置假山空间,布置梅亭、景墙以满足游客停留休息的需求,局部种植搭配花灌木及花卉,形成景观空间层次。通过片植、群植、点植手法展现梅花之美,并通过花期调控,使其在展期开花,达到观展效果,详见本书 2.7.1 节"花博会特色专类园规划设计"。

5)三大展区公共景观

三大展区包括东片区的国内外展区和西片区的花协分支展区、国际及企业展区。展区绿化以服务各展园为主,在绿化设计上以绿色为主色调烘托展园景观,同时,结合内部公共空间,重点区域设计游赏景观节点,以供游客展园游玩之余停留休憩。

2.5.3 生态、节俭型绿化景观设计

1. 乡土树种和低维护植物为主

遵循适地适树、乡土树种为主的原则进行树种选择,根据 SITES 认证数据,本地植物用量达到 60% 以上。场地内最大限度地保留现状树木,背景林区域结合现状水杉,设计抗性强、适应崇明当地生长的水杉、中山杉等,下木籽播低养护的野花,做到生态、环保的可持续。

常规型花卉设计方面注重体现长效性,以中下层花灌木、多年生草本地被为主,与上木所形成的绿化空间紧密融合。

结合场地功能和观赏需要,采用混植手法,模拟自然生态型的花甸共有 4 处,花甸以低维护的观赏草为主,选择宿根类花卉,在春、夏、秋呈现草长莺飞、花染盛夏、兼葭浮动之景;在冬季,常绿灌木保留姿态呈现冬季之美,展现四季花卉生长、荣枯的自然面貌,无须换花,体现生态、节俭型景观。

2. 水生态修复和海绵城市

场地内的自然水生态系统状况较差,水系面积现状约 31 hm^2,存在 2 条镇级河道、1 条村级河道,水质处于Ⅲ~Ⅳ类。现有的水生态系统功能有所退化,根据检测结果及现场观测发现,河道水体浑浊、透明度低、缺乏沉水植物,存在面源污染情况。因此,对场地内退化的水生态系统,通过进水口促泥沙沉降和原位强化净化工程及沉水植物群落构建工程实现水生态 100% 全面修复;通过堤顶绿化和斜坡绿化等打造生态驳岸,修复园区内水域面积总计 28 hm^2,水面率达 10%,全面达到地表水Ⅲ类水质标准。水体动植物生长环境有所改善,构建了稳定健康的水生态系统。

"海绵城市"专项设计综合采取"渗、滞、蓄、净、用、排"等措施,设计过程中整合绿色屋顶、雨水花园、植草沟、蓄水池和修复河道等策略,实现对雨水的渗透、过滤、处理及管控,避免对土壤生态和地下水环境造成破坏。同时,对场地内现有的 3 条河道进行修复并拓宽,另在场地内修建新的河湖,以实现园区周边及内部的水系贯通;使场地内铺装区域径流雨水排入河道,可进行再利用。最终实现年径流总量控制率不小于 80%。

3. 配生土

根据土壤检测报告,现状土壤质量一般,0~60 cm 表土层的质量相对较好,以最大程度保护利用现状为原则,为了做到生态节俭,故收集利用相对肥沃的耕作层土壤:园内水系开挖前收集表层种植土;场地内设计标高高于基准标高 4.5 m 区域地表以下 0.6 m 种植土收集;展馆建筑

轮廓15 m以外区域地表以下0.6 m种植土收集;铺地区域地表以下0.6 m种植土收集。

针对不同的种植需求,对区域内的土壤进行修复,最终研发出通用配生土、屋顶花园轻质土、精品花卉改良土三种不同的种植土配方(表2-8)。

表2-8 三种不同的种植土单立方配方

配方	使用部位	原土/m³	草炭/m³	黄沙/m³	椰糠/m³	有机肥/m³	珍珠岩/m³	脱硫石膏/(kg·m⁻³)
A	通用配生土	0.50	0.25	0.20	0	0.07	0	1
B	屋顶花园轻质土	0	0.50	0	0.50	0.07	0.05	0
C	精品花卉改良土	0.50	0.25	0	0.20	0.07	0.05	1

遵循生态办博、勤俭办博的理念,针对不同区域,在满足植物生长的前提下,合理化配生土的覆土深度(图2-16):大花核心区大部分种植区域回填通用配生土A配方70 cm+种植土50 cm;大花核心区重要景观节点处回填通用配生土A配方1.2 m;大花核心区精品花卉种植区域回填精品花卉改良土C配方30 cm+种植土90 cm;大花核心区大师园回填种植土1.2 m;三大展区重要节点、内外环等重点种植区域回填通用配生土A配方60 cm;大花核心区以外的精品花卉种植区域回填精品花卉改良土C配方30 cm。

图例	说明
C配生土0.3 m厚	大花核心区A配生土0.7 m+种植土0.5 m厚	大花核心区A配生土1.2 m厚	大花核心区C配生土0.3 m+种植土0.9 m厚
A配生土0.6 m厚	A配生土0.6 m厚,需满足花卉种植要求	大师园种植土1.2 m厚	

图2-16 花博会园区配生土使用情况

4. 场地 SITES 认证

国际可持续景观场地(SITES)认证评价标准由美国绿色建筑委员会(USGBC)于 2014 年提出,是国际上公认的较权威的综合评价可持续发展场地建设和运营认证体系,旨在通过认证来提升景观场地在规划、设计、施工和运营阶段的绿色可持续品质,在全球范围内评选出优秀的可持续景观场地示范案例。SITES 认证主要针对室外场地的绿色基础设施,主要评价对象为公园、绿地和校园等室外景观场地空间。SITES 认证包括 18 个先决条件和 48 个得分项,总分 200 分,认证等级分为认证级(70~84 分)、银级(85~99 分)、金级(100~134 分)和铂金级(135 分及以上)。

第十届花博会主展区于 2021 年 5 月获得了 SITES 可持续金级认证(表 2-9),这是目前全球最大规模的景观场地认证项目,不仅展示了生态文明发展的理念和实践,也为花卉博览会可持续规划建设和运营树立了标杆。

表 2-9　SITES 认证得分情况

主题	先决项全部满足	得分项总分	该项目得分
场址环境	√	13	3
设计前评估和规划	√	3	3
场址设计——水	√	23	15
场址设计——土壤和植被	√	40	26
场址设计——材料选择	√	41	11
场址设计——人类健康和福利	√	30	19
场址设计——施工	√	17	14
运营和维护	√	22	7
教育和性能监控	—	11	10
创新或优良表现	—	9	9
总分	—	209	117(≥100)

2.6　展会型植物景观类型与典型的配置模式

春季主要观赏植物以海棠、玉兰、梅、樱花为主;花博会会展期间(2021 年 5 月 21 日至 7 月 2 日)正处于夏季,以紫薇、花石榴、木槿、黄山栾树以及各类观叶植物为主;秋季以桂花结合赏秋色叶及常年异色叶为主,主要为银杏、乌桕、三角枫、美国红枫;冬季以常绿植物以及观干植物为主,园区种植蜡梅、枇杷等冬季开花植物可增加观赏性。

2.6.1 展会型主入口景观空间营造及植物选择

1. 一轴(复兴主轴)

"一轴"为花博会主轴,总长约 1.3 km,贯穿花博会主展区南北区域空间的中轴线,它相连两个重要观赏区"蝶恋花"和"牡丹花海",世纪馆和复兴馆均在这条中轴线上,其他景点呈东西对称分布。

主轴由南至北为森林入口、花舞双桥、林荫大道、花花步道 4 个主题空间,植物景观丰富,由有色叶树阵广场、花团锦簇花道、丰富植物组团等多种形式打造出一条色彩斑斓的主题景观轴。

(1) 森林入口:上层为榉树树阵(胸径 23~25 cm),开园前期种植蓝紫色系花卉,7 月 1 日换为红黄色系一串红和孔雀草,以打造独具崇明特色的森林入口,同时结合铺装(白玉兰花瓣)体现出崇明"岛"由水流冲刷而成的特色形态,打造开在"森林"中的花博会。

(2) 花舞双桥:乔木采用挺拔的色叶树种娜塔栎,下层使用蓝紫、红粉色调的一年生花卉,组合打造出一座以"花"为主题的舞动之桥。

(3) 林荫大道:树形统一、仪式感强的榉树形成大气的林荫大道,结合宿根草本花卉,加之两侧设置的由环保材料制成的观花长椅,从而体现生态可持续发展理念。

(4) 花花步道:步道两侧通过微地形结合乔灌木多年生草花打造具有层次的花间步道,结合开园春夏时节的花灌木形成一道靓丽的、花意盎然的风景线。在入口、道路交叉口、座椅等重要节点设计海棠、鼠尾草、绣球等花境,以提高入口处的景观效果。主栽上木:黄山栾树、香樟、紫薇、北美海棠、花石榴、木本绣球。主栽下木:丛生福禄考、百日草、超级凤仙、细叶美女樱、矮牵牛、金丝桃、绣线菊等。

2. 二馆

世纪馆和复兴馆结合场地的功能特色,选用适当植物搭配花海打造出开敞大气、疏朗通透的休闲空间。

(1) 世纪馆:建筑形如蝴蝶,屋顶花园是全园的制高点,用地形结合花卉打造出一座花岛,游人在此上下穿梭,犹如置身于繁花似锦的海上花岛。以大地式景观手法,通过大片红色花海以及各色花卉斑块,打造出五彩缤纷的景观效果。世纪馆周边,结合大花核心区设计风格,种植乔灌木多年生草花,在重要节点的花境设计方面,主要打造精致植物组团。主栽上木:朴树、娜塔栎、樱花、桂花、紫荆、花石榴等。主栽花卉:四季海棠、同瓣草、百日草、香彩雀。

（2）复兴馆：广场为英式大草坪，点缀高大乔木，从而形成开敞大气、疏朗通透的休闲空间。主栽植物：香樟、乌桕、白玉兰。

3. 南入口

南入口绿化设计手法是以多种规格（胸径28～35 cm）的银杏为主调乔木，打造气势恢宏的背景林带，同时自然衔接保留的水杉林带；以丛生香樟为前景乔木，提升背景绿量；以大规格榉树为行道树，呼应主轴及主入口景观（图2-17）。主栽植物：银杏、香樟、榉树。

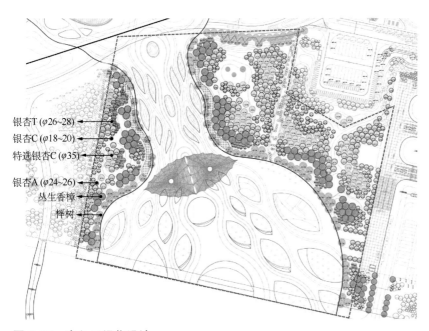

银杏T (φ26～28)
银杏C (φ18～20)
特选银杏C (φ35)
银杏A (φ24～26)
丛生香樟
榉树

图2-17　南入口绿化设计

区域内三株高大乔木特色各异，组合布置于地形最高处的大草坪上，以高大的银杏作为背景衬托，突出树木的个体美。白玉兰为主景树，高大挺拔，开花早，繁华茂盛，洁白如玉，开放时朵朵向上，溢满清香，作为上海市市花，象征着一种开路先锋，奋发向上的精神。朴树，适应性强，生命力顽强，象征朴实无华，不忘初心。三角枫，叶形独特，翅果美丽，春季花色黄绿，入秋叶片变红，观赏价值极高。该区域三株植树节保留树为林带最高树，后期整个花博会园区进行整体景观提升，周边绿化调整为银杏林带，银杏高低错落配置，从而形成自然起伏的林缘背景。

4. 北入口

主轴呼应南入口的银杏主题配植，胸径35 cm以上的银杏自然种植；入口两侧以多种规格的银杏为主调树种，呼应主题；下层搭配常绿香樟、金桂以及春季开花的染井吉野、晚樱等品种，从而烘托入口气势（图2-18）。主栽植物：银杏、香樟、樱花、桂花。

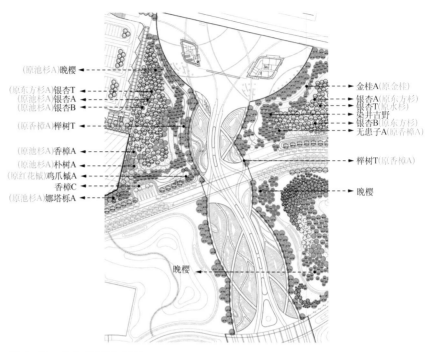

(原池杉A)晚樱
(原东方杉A)银杏T
(原池杉A)银杏A
(原池杉A)银杏B
(原香樟A)榉树T
(原池杉A)香樟A
(原池杉A)朴树A
(原红花檵)鸡爪槭A
香樟C
(原池杉A)娜塔栎A

金桂A(原金桂)
银杏A(原东方杉)
银杏T(原水杉)
染井吉野
银杏B(原东方杉)
无患子A(原香樟A)
榉树T(原香樟A)
晚樱

晚樱

图 2-18　北入口绿化设计

2.6.2　花博会外围背景林地景观及生态营建

　　背景林带防护林的设计原则强调植物群落的适应性,首选崇明乡土树种,适地适树,以控制后期养护管理的成本,在种植形式上,考虑合理的栽植间距,留出植物后期生长的空间,着眼后花博时期林带的可持续发展。花博会园区内防护林总占地约 22.8 hm²,其中原有保留的防护林面积为 3.6 hm²、占林还林面积为 8.1 hm²、新增的造林面积为 11.1 hm²。考虑花博会会期与会后的效果及功能,将新增的防护林分为景观防护林和隔离防护林两种风貌类型。根据不同功能需求,确定不同的郁闭度,景观防护林主要区域是外环行道树外侧的林带,设计时多以乔木组团适当配置花灌木的形式,乔木群落由香樟、榔榆、黄连木、石楠、紫薇、花石榴、紫叶李等品种组成,平均密度不低于 42 株/亩;隔离防护林和景观防护林相连,主要以防护为主,乔木群落以乌桕、榔榆、女贞、水杉、落羽杉、东方杉、柑橘等组成,平均密度不低于 50~60 株/亩。所有防护林的乔木胸径以 10~12 cm 居多,且作为骨干树种,部分杉类的胸径为 7~8 cm,二者使用比例不小于 50%,并搭配胸径不超过 18 cm 的乔木以形成可持续发展且兼具景观效果的背景防护林带,实际效果如图 2-19 所示。

图 2-19　西南拓展区背景防护林

2.6.3　三大展会区域中公共景观绿化设计

1. 国内展区

以境域乡土植物为主,增强地区的整体识别性,并且使花博会会展园林与会后绿地进行有机连接,避免重复建设,如华南展区应用华盛顿棕榈和本地棕榈配合展园体现当地特色。

行道树采取阵列式设计,主要品种为无患子;背景密林区采取自然式设计,主要品种为合欢、杉类、香樟等;展园间的分割区采取阵列式设计,主要品种为香樟、广玉兰、水杉等;休憩点、儿童园等重要节点采取自然式设计,主要品种为娜塔栎、朴树、金桂、花石榴、红枫等。

2. 国际、企业展区和花协展区

整个国际、企业及花协展区的乔木采用国外引进的适宜崇明生长的树种,结合中央打造的艺术花甸,以现代景观手法构建园林空间,与国内展区形成对比,体现了不同地区具有各自景观风貌的展园。

国际、企业展区以朴树、栾树、鸡爪槭作为空间构架树种,并搭配娜塔栎、北美枫香、日本早樱、日本晚樱、墨西哥落羽杉等。

花协展区以悬铃木、香樟为主。在竹园特色展区北部栽种紫竹、早园竹等,展现出竹林掩映的效果并与竹藤馆相呼应。在荷园滨水区栽种垂柳,展现驳岸柔带婉转的滨水风情。

2.6.4 大花核心区景观绿化设计

大花核心区以一朵面积为 43.7 hm^2 的大牡丹花为构图元素,通过花海、花径、花溪、花谷来整体营造"牡丹绽放,喜迎盛世"的大地景观,以花为主角,精心布置花与生活(花惠生活)、花与文化(花萃文化)、花与科技(花创科技)和花与艺术(花畅艺术)四大主题驿站。梦花园的"牡丹花"造型与世纪馆的"彩蝶"造型相呼应,构成"蝶恋花"的壮丽美景。整个核心区的上木种植设计以开阔疏朗的植物空间为主,自然通透,为下层花卉提供较适宜的生境。外围采用相对浓密的乔木种植形式,强化空间分割的作用,打造不同的主题小径。

"花惠生活"片区:选取具有田园生活气息的锦葵科花卉作为特色植物,为主题园做好基调。蜀葵、秋葵、锦葵等花卉以带状群植形成花径,蜀葵、木槿、扶桑等大灌木成片栽植形成花团,增加观赏性的同时也拉长了花期。因锦葵科为落叶植物,故选取常绿大乔木雪松、香樟为背景,突显花色及线条感,同时中层以观花、观叶植物的小乔及灌木点缀,打造特色小径。

"花萃文化"片区:选取古典园林常用的蔷薇科植物作为特色植物,契合主题园"中国为世界园林之母"的主题。以古典园林中常用的常绿及落叶乔木为背景,搭配金丝桃、金叶大花六道木等花灌木所形成的花带,丰富春夏季色彩。

"花畅艺术"片区:选取造型独特、艺术性强的栎叶八仙花作为特色植物,与主题园内的艺术性和浪漫性形成呼应,搭配常绿及色叶乔木,丰富各季景观。由于阳性八仙花颜色多为素雅清新,因此上木选择深绿色常绿小乔木和色叶大乔木作为搭配,既丰富了展区色彩,又提供了浓郁的背景。

"花创科技"片区:选取园艺技术发达、色彩品种丰富、应用形式多样的月季类作为特色植物,与主题园的主题相扣。因月季常绿、喜光照,故选取分支点高、透光率高、树干端直的落叶乔木搭配,并选取色叶及常绿的小乔木和大灌木来丰富植物景观。

整个大花核心区树种多样、景观设计手法多变,包含雨水花园、花海、花甸、花道、主题花境等,在空间上疏密结合,满足了游客的不同空间需求。

2.6.5 草坪设计及营造

园内道路、节点周边用常绿草本地被及多年生宿根花卉来弱化道路与绿地的边界。草坪设计秉持勤俭办博的原则,仅使用百慕大草卷。百慕大属于暖季型草坪草,能耐受崇明夏季的高温天气,且具有耐盐碱性强的特点,能适应场地的土壤环境,同时还具有蔓延性好、恢复力强、耐践踏等特点,4月中旬返青,以保证花博会会期的效果,不追播黑麦草,节省造价。其中,西南拓展区停车场采用生态停车场的设计手法,嵌草铺装,高羊茅籽播,播种量为 25 g/m²。

2.6.6 滨水景观带设计及营造

1. 植物在滨水景观空间营造中的应用原则

花博会园区的滨水景观区域位于陆地和水域两种生态系统,这使得其自然生态环境存在复杂性和多样性特点。在滨水景观空间营造过程中,植物的合理选用极为关键。滨水植物属于其中主体,可细分为水生植物、陆生植物和水缘湿生植物,需结合植物属性、生活习性、生长环境等因素来优选水生植物以营造滨水景观空间。

1) 基本原则

为保证植物能较好地用于营造花博会园区滨水景观空间,具体实践时遵循以下四个基本原则:第一,适地适树。优选崇明当地乡土植物营造滨水景观空间,将乡土植物作为营造滨水景观的素材,以保证滨水景观的表现力和稳定性。第二,植物景观多样性。结合生态学理论形成合理的滨水植物景观设计,以满足不同的功能需求,优选植物种植方式,如片植、点植、列植等,运用形态相似、相同或不同的植物搭配组合,体现景观多样性。第三,地域性特色。乡土树种、湿生植物、水生植物属于滨水景观营造中应用的主要植物,由此结合崇明当地人文历史、地域特色、风俗文化,展现滨水景观的当地特色。第四,植物季相。关注植物自然生长规律,在滨水植物景观营造的同时,着重考虑花博会展期的植物景观风貌,努力在会展期间呈现花繁叶茂的效果,尽量做到三季有花和四季有景。对于花期在夏季的多数湿生植物和水生植物而言,它们在春季往往无法形成植物景观,因此在设计初期就考虑用其他方式来表现,如春天以开花乔灌木造景,包含花桃、棣棠、黄馨等春季开花的树木,以此打造春季景观。

2) 空间构图原则

除了上述基本原则外,植物在滨水景观空间营造中的运用还应遵循空间构图原则。在满足滨水景观空间生态效益、功能等需求的前提下,采用园林造景的处理手法,通过韵律、节奏、距离、线条、色彩等因素优化构图,以期将植物群体的形式美、个体美以及景观整体的意境美更好地体现出来。花博会园区滨水景观空间采用竖向构图和平面构图相结合的方式。其中,平面构图关注林缘线设计,保证植物群落进退有序,林缘线蜿蜒曲折,以此营造绿色廊道,形成独特风景,同时水岸空间的景观变化和层次感也能有效实现。竖向构图注重林冠线设计,通过乔灌木搭配做到错落有致,同时按一定节奏和规律设计的植物群落,形成节奏和变化。水生植物部分采用组合片植方式,有节奏地分布在驳岸两侧,既展现丰富变换的驳岸线性,也美化了驳岸。乔灌木和水生植物都是滨水植物景观营造的主体,通过利用植物的不同形态,使竖向空间的植物景观能更加丰富,通过这些植物形态的相互呼应实现错落有致的群落关系,水陆之间的空间协调性也能得到有效强化。以此提升水域整体空间的层次感,其美感和韵律感也能够得到保证。此外,设法实现多样与均衡统一,将颜色、形态相近或相同的植物进行均衡配置,即可保证滨水景观空间的稳定性和整体性,规避混乱、零碎等问题。

2. 花博会园区滨水景观植物风貌

就花博会园区滨水景观的植物配置而言,根据景观风貌大致分为3个区域:梦回花洲、蒹葭水岸、绿意之境,如图 2-20 所示。

图 2-20 花博会园区滨水景观风貌分区

1) 梦回花洲

此区域用大树与地被相结合,充分考虑竖向景观效果,营造上层空间简洁大气、下层地被丰富的景观风貌。乔木考虑以榔榆为主基调树种,姿态潇洒,且分支点高,中层视线通透,与起伏的水岸相映成趣,在路口和游客停留处点植樱花、花石榴等花灌木以丰富群落层次,从而打造活泼、律动、优美的林冠线。地被以花卉展示为主,设计了展期当季鸢尾为基调的地被植物,配合水岸穿插了一些多年生花卉,如千屈菜、大花葱,从而丰富品种的多样性。在与蒹葭水岸相连的区域,用观赏草与多年生宿根花卉混植的方式作为过渡,由此植物景观可实现空间的灵动性、层次性、韵律感和生动性,如图 2-21 所示。

图 2-21　核心区滨水区域景观风貌

2）蒹葭水岸

此片区位于大花核心区两侧，作为主展区与生态防护林的过渡区域，以观赏草为主题打造生态崇明区域风貌，而体形高大优美的孤植树能够集中整个空间的视线，同时增强空间感。通过营造开敞型植物景观，以此形成的空间具备视野通透、空间开阔的特点，乔木品种选用时考虑乡土树种且能绿化景观，将柔化水岸的朴树作为骨干树，香樟作为背景树，地被用飘逸自然且耐修剪的各类观赏草打造，既有耐水湿的大布尼狼尾草、细叶芒，又有观赏性强的粉黛乱子草、坡地毛冠草、细茎针茅等，从而营造野趣横生、自然亲人、蒹葭苍苍之景，如图 2-22 所示。

图 2-22　西南拓展区滨水景观风貌

3）绿意之境

该区域结合河流两侧打造生态自然、尺度宜人的滨水景观廊道。接近常水位线的区域多生长着崇明当地野生的水生植物，人为修饰的痕迹较少，因此可选择乌桕、垂柳、枫杨、水杉等植物设法打造自然野趣的景观，并保证该景观能较好地融入整体滨水景观空间。这样的植物景观能够营造较为通透的空间，并给人若隐若现、半虚半实的感受，不仅具备遮阴纳凉的功能，还能够满足人们倾心交谈、休闲漫步等行为活动的需要，如图 2-23 所示。

图 2-23　玉兰湖滨水区域景观风貌

2.7　花博会观花植物景观生态化营建

2.7.1　花博会特色专类园规划设计

1. 梅园

梅园总面积约 2.5 hm²，位于西南拓展区内，邻近东平国家森林公园，不仅与公园内的专类园体系互为补充，同时也提升了西南片区的设计亮点。梅园整体布局北高南低，以高大且形态饱满的乔木作为骨架形成背景林空间，设置假山空间，并布置梅亭以满足游客停留休息的需求，局部种植形态优美的游龙梅、垂枝梅，搭配花灌木及花卉，形成景观空间层次；南侧以疏林草坪为主，有起伏的微地形，点植梅花或同属蔷薇科的景观落叶乔木，游客可穿行其中，也可在草坪上休憩攀谈。通过文化艺术、科普知识，让游客从不同角度来赏梅。

梅园作为一个长期的专类园,具有收集种植资源及科普的功能,因此需要全面展示梅花的各个品系。梅园中品种梅花共计 715 余株,结合假山、景墙、道路交叉口、路缘、草坪形成点植、片植、花道等景观。

1) 种群分布设计

梅花依据分类系统可分为 11 个品种群:龙游品种群、垂枝品种群、朱砂品种群、跳枝(洒金)品种群、绿萼品种群、玉蝶品种群、黄香品种群、单瓣(江梅)品种群、宫粉品种群、杏梅品种群和樱李梅品种群。

在初期设计方案中,依据分类的 11 个品种群进行分区种植,形成品种群块面。其中,由于龙游品种群、垂枝品种群、跳枝(洒金)品种群和黄香品种群的品种都较为珍贵,故以点植的方式进行设计,而朱砂品种群、绿萼品种群、玉蝶品种群、单瓣(江梅)品种群、宫粉品种群、杏梅品种群和樱李梅品种群中很多品种为常规品种,则可大量种植。整体上,70% 为常规品种,如人面桃花、素白宫粉、粉红朱砂、铁骨红、东方朱砂、姬千鸟等。

2) 花期调控

专家提议可选取部分进行花期调控,采用缸栽形式以满足展期效果。设计方案中结合假山、景墙、道路交叉口、路缘等布置了花期调控品种梅花共计 88 株(总体 715 株,占比约 12%)。花期调控品种依据品种群分布进行设计,主要涉及除樱李梅品种群以外的 10 个品种群,将常规品种与珍贵品种相结合展示。10 个主要调控品种群具体如下。

(1) 单瓣(江梅)品种群:大花江梅、早单粉、长丝单粉、寒红、烈公梅、红雀;

(2) 宫粉品种群:人面桃花、素白宫粉、粉口、淡粉、别角晚水(珍贵);

(3) 朱砂品种群:粉红朱砂、铁骨红、东方朱砂、墨梅(珍贵)、鸳鸯(珍贵);

(4) 绿萼品种群:大花绿萼、小绿萼、单米绿、金线绿萼(珍贵);

(5) 跳枝(洒金)品种群:单瓣跳枝(珍贵)、筋入春日野(珍贵)、红花晚跳(珍贵);

(6) 黄香品种群:单瓣黄香(珍贵)、南京复黄香(珍贵)、黄金鹤(珍贵);

(7) 龙游品种群:龙游(珍贵)、香篆(珍贵);

(8) 杏梅品种群:贵妃、花束送春、丰厚、云南丰厚;

（9）玉蝶品种群：三轮玉蝶、六萼玉蝶、素白台阁（珍贵）；

（10）垂枝品种群：绯司垂枝（珍贵）。

此外，园区常规梅花共计 1 200 余株，观赏品种有 6 个约 850 株，品种具体为：美人梅、丰后梅、宫粉梅、骨红梅、绿萼梅、朱砂梅。

2. 玉兰园

玉兰园占地 4.6 hm²，位于花博会园区西侧，是全园规模最大的专类园。玉兰园的西侧为园区入口，南侧紧临外环路，东北侧临玉兰湖，该园具有展现花博会园区上海地域特色的重要功能，也是花博会园区长期保留的一个专类园。玉兰园主要考虑玉兰的文化融入，并兼顾花博会展期及日后长期的观赏效果。以文化脉络为线索，将玉兰园分为晓花开、赋花意、凝花魂三个层次的景观结构（图 2-24），并依据景观主题设计了玉兰坠露、木笔画屏、织锦花谷等节点（图 2-25），以便对玉兰进行了多角度的景观阐述。

图 2-24 玉兰园景观结构

① 朝露广场
② 玉兰坠露
③ 临水花道
④ 暖阳滴翠
⑤ 兰舟远景
⑥ 玉兰亭
⑦ 木笔画屏
⑧ 织锦花谷
⑨ 玉兰林荫

图 2-25 玉兰园方案总平面图

1）植物空间设计

在空间营造方面，玉兰园充分考虑了空间关系的开与合、主与从、藏与露、疏与密、虚与实，上木空间平面图如图 2-26 所示。

开与合：玉兰园东北两面临水，在临水花道处（图 2-27），先以"合"进行视线围合，再采用开敞的布局方式，水面平静无遮挡，滨水景观尽收眼底，从而形成了开与合相结合的植物景观空间布局；在织锦花谷处，中间为开敞空间，外围采用杉类、玉兰、马褂木等大乔木进行围合，以遮挡视线。

图 2-26　玉兰园上木空间平面图

图 2-27　临水花道

主与从：在暖阳滴翠南侧处，玉兰点植于四面围合的草坪中央，以聚焦游人视线，成为空间主景，体现玉兰的树姿、花型、花色，使整个空间显得简单纯净（图2-28）；在朝露广场处，道路两侧的玉兰植物组团作为背景，烘托广场中央孤植的特选武当玉兰；在玉兰坠露、织锦花谷景点，玉兰作为配景来突显主题花境、景墙和花谷，既显得内敛、含蓄，又使景观相得益彰、熠熠生辉。

图 2-28　暖阳滴翠南侧

藏与露：玉兰亭处，采用藏与露的手法，西侧以玉兰林带形成障景，将其与后面的滨水开敞空间分隔开来，东侧结合广场点植，通过玉兰优美的树梢形成透景，以便观赏玉兰亭，增添空间的意趣之美，如图2-29所示。

图 2-29　玉兰亭

疏与密:暖阳滴翠北侧,结合旁边密植林带,在草坪上进行玉兰疏植,给人一种宁静感(图2-30);在外围玉兰林荫处,采用密植手法进行空间的遮挡与分割,形成玉兰园的背景;在蜿蜒曲折的道路上,为避免单调,不同品种玉兰交替种植,疏密结合,形成有节奏的景观花道。

图2-30 暖阳滴翠北侧

虚与实:在玉兰园中,玉兰与玉兰湖水景的结合则是玉兰为实、水体为虚,打造疏影横斜的美景;玉兰与入口景墙的结合则是玉兰为虚、景墙为实;玉兰与花谷的结合,非花期时是玉兰为实、花谷为虚,盛花期时则是玉兰为虚、花谷为实(图2-31)。

图2-31 织锦花谷

2）植物配植

（1）玉兰品种的选择

玉兰品种的选择应注重观赏性和种类丰富性。按花色可将玉兰分为白色、红色系、浅粉、紫红、黄色等多种颜色；按花期可分为春花、春夏花；按形态可分为大乔木、小乔木、灌木三类。在玉兰园内共选择玉兰种及品种17个，品种信息详见表2-10。

表2-10　园区玉兰品种的观赏特性

序号	名称	花瓣特性	花期	形态
1	广玉兰	内外白色	夏花	大乔木
2	白玉兰	内外白色	春花	大乔木
3	望春玉兰	内白色，外粉红	春花	大乔木
4	玉灯玉兰	内外白色	春花	大乔木
5	丹馨玉兰	内白色，外粉红	春花	大乔木
6	娇红1号玉兰	内外纯红色	春花	大乔木
7	"大红"玉兰	内白色，外深粉红	春花	大乔木
8	紫霞玉兰	内白色，外粉红色	春花	大乔木
9	红脉玉兰	花瓣中脉红色，其他白色	春夏花	大乔木
10	红霞玉兰	内白色，外粉红	春夏花	大乔木
11	"黄鸟"布鲁克林玉兰	内外黄色	春花	大乔木
12	飞黄玉兰	内外黄色	春花	大乔木
13	武当玉兰	内外深红色	春夏花	小乔木
14	红吉星玉兰	内外深红色	春夏花	小乔木
15	红笑星玉兰	内白色，外紫红色	春夏花	小乔木
16	星花玉兰	花色多变，白色至紫红色	春花	小乔木
17	紫玉兰	内白色，外紫红色	春夏花	灌木

（2）玉兰品种间的配置

运用不同色彩的玉兰品种进行搭配，形成白粉色系、白黄色系、黄紫色系、红粉色系、红黄色系等多种配色方案，营造不同色彩的景观，并将春花与春夏花的玉兰品种搭配使用，延长玉兰园的整体观赏期；同时，大乔木的玉兰品种为上层，小乔木、灌木玉兰品种为中层，以营造花开繁盛、层次丰富的植物景观；大部分玉兰类都为落叶，其中广玉兰为常绿，可作为常绿骨架与白玉兰、望春玉兰等搭配使用，兼顾冬季景观。

（3）玉兰与其他植物的配置

结合玉兰的观赏特点与季相特征，选择同科的乐昌含笑、深山含笑以及香樟等常绿乔木作为背景树,结合同为木兰科的常绿小乔木含笑、紫花含笑、新含笑和灌木球,同时搭配落叶大乔木,如杂交马褂木、金叶马褂木、花叶马褂木及场地原有的杉类、水边乌桕等,有效控制季相景观的丰富性,既构建了丰富的植物景观,又可以直观地对植物进行辨别,寓教于乐。在下层地被的选择上,选择茶梅、大吴风草、矮生百子莲、红花檵木等常绿地被,以弥补大部分玉兰品种落叶的季相特征,丰富冬季景观。

（4）展期植物配置

花博会展期处于大部分玉兰品种的营养期,仅少部分春夏花品种处于开花期。为了达到展期效果,在设计中增加了春夏花玉兰品种的应用,如紫玉兰、红吉星玉兰、红笑星玉兰、红脉玉兰;还增加了前沿开花地被的应用,如金丝桃、粉花绣线菊、美丽月见草、细叶美女樱;并在主入口区、道路交叉口、玉兰亭边等视线焦点处增加以夏季景观为主的宿根花卉花境的应用,营造精致细腻的节点景观,如图2-32所示。同时,结合玉兰花纹铺装及玉兰团扇、玉兰镜廊等,通过种植姿态优美或是正值花期的品种,从多方面来丰富玉兰园的景观。

图 2-32　道路交叉口花境

3）种植分析

（1）孤植与点植——构建点景与对景的主题景观

在空间转折点上（如入口处、路口节点、对景节点）通过孤植手法构建点状树木形成覆盖空间或视觉焦点来过渡、转折与联系景观片区与空间。在点景植物的构成上,树形高大、冠幅开阔的落叶乔木（如白玉兰、望春玉兰等）辅以灌木球、花境、景石等,构成极具吸引力的造景节点。

同时,选择规格较大、树形良好的白玉兰进行三五点植,配合纯净草坪和植物主题标识,凸显玉兰园的植物特色。

(2)混植成带——主题玉兰花道的展现

围绕花博会园区的园路流线,在望春玉兰、红脉玉兰、紫霞玉兰、丹馨玉兰等大乔木下配植红吉星玉兰、红笑星玉兰、紫玉兰等品种,形成一条疏密有致、有开有合、色彩变幻的玉兰花道(图2-33),营造暗香涌动、繁花似锦之景。

图2-33 玉兰花道

(3)林带组团——品种特色的展现

在重点区域以外,进行单一品种的纯林种植,以草坡、高大常绿乔木为背景空间,辅以地被或草坪,对特色品种(如飞黄玉兰、紫霞玉兰、娇红1号玉兰等)进行单独展示,如图2-34所示。除纯林以外,还进行玉兰品种的混植,形成混交林带(图2-35),从而将不同玉兰品种的特色进行对比展示。

图2-34 纯林种植

图2-35 混交林带

4）玉兰园小结

玉兰类作为中国的传统花卉，在园林中被大量应用。在玉兰园空间营造方面，充分考虑了空间关系的开与合、主与从、藏与露、疏与密、虚与实。在植物配植方面，从花色、花期、形态三个角度对各类玉兰品种进行了观赏适宜性分析，以此来选择玉兰品种及所搭配的植物，并充分考虑了花博会展期的即时效果。在造景手法方面，通过孤植和点植来增加玉兰园的亮点，各类玉兰混交、穿插构成的串联带状空间有机相连，形成花道景观；通过纯林组团的形式，在基本骨架确立的基础上，重点针对特色品种进行展示。

2.7.2　花博会展会型精品花卉配置专项

花博会园区主展区公共区域的绿化总面积为 137.6 hm²。种植各类花卉约 350 种（含品种），其中一二年生花卉约 160 种（含品种）、球根花卉约 60 种（含品种）、宿根花卉约 100 种（含品种）、观赏草约 30 种（含品种）。

总体花卉设计细分为常规下木和精品花卉两个部分。常规下木设计注重长效性，以中下层花灌木、多年生草本地被为主，与上木所形成的绿化空间紧密融合。

精品花卉设计依托园区总体规划格局（图 2-36），形成"一心（核心区花海）""两轴（复兴主轴、滨水景观轴）""两环（内、外环特色中央景观花道）""多点（出入口、滨水节点、玉兰园等）"。

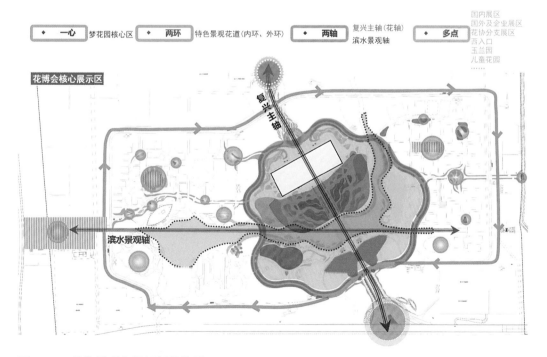

图 2-36　总体景观空间规划结构图

展示应用形式分为花坛(如核心牡丹花海、蝶恋花海等)、花境(如主题型、建筑周边、特殊生境、专类园、节点路口等)、花甸(如慕夏之梦、绯色云汀、花随风舞、阳光丽人)、花带(如内、外环路锦绣花道)等。丰富的展示形式充分演绎了"花开·中国梦"的主题。

1. 核心区花海设计

牡丹花海位于复兴馆正前方,总面积约 1.8 hm²,整个花海模拟国花——牡丹的结构及其盛开时的形态。这次设计打破了以往常规的只可远观的花海设计手法,结合多样的地形变化和草坪空间,形成"牡丹花开"的景观构成,如图 2-37 所示,是集花海、花谷、花丘、花坡于一体的花卉游赏空间,不仅提高了游客的参与度,还增强了人在花中游的体验感。整个设计也响应了本次花博会"花开·中国梦"的主题。同时,在中心岛屿点缀牡丹芍药,通过调控花期,让游客能在展会期间近距离地欣赏牡丹花开。

图 2-37 牡丹花海设计方案

在花博会展会期间,牡丹花海达到了理想的景观效果。在空间设计方面,花海、花谷、花丘、花坡都得以体现,尤其是醉蝶花谷,曲折蜿蜒的小道,两侧起伏的地形,紫粉色的大片醉蝶花,打造一个游客 360°沉浸式的浪漫氛围,如图 2-38 所示。草坪的留白很好地衬托了花带的形态,形成了层次与色彩上的对比。在品种应用方面,超级凤仙"桑蓓斯"具有花开整齐、花量大、花期长、表现效果突出等特点,醉蝶花"宝石"则是色彩梦幻、引蝶成群,从而营造出烂漫的花谷景观效果。但大花海棠"比哥"、美兰菊因叶量较大,稍稍影响了景观效果。

图 2-38 牡丹花海实景

2. 内环中央花道设计

内环中分带以类似钢琴键的形式块面种植红掌、白掌、粉掌、黄掌，打造成独一无二的花烛属缤纷大道①，热烈喧闹、繁华大气。红掌类花葶挺立、整齐度高、花量大、色彩艳丽，达到了预期效果。但因展期内气温高，红掌为室内花卉，后期出现了叶片焦灼、花色变淡等问题。内环中央花道设计方案见图 2-39，建成实景见图 2-40。

---

① 因红掌类为天南星科花烛属植物，故得"花烛属缤纷大道"这一说法。

内环中分带

主要品种：红掌、彩叶芋

图 2-39 内环中央花道设计方案

图 2-40 内环中央花道实景

3. 内环千米绣球花带设计

绣球的花语为"梦想实现"，较为契合本次花博会的主题。整个花博会内环道路两侧以品种绣球打造上海最长的锦绣绣球花道，以色彩划分区域，多品种混植，形成色彩变幻的花道景观。绣球花朵硕大，品种丰富，适宜半阴的环境，在展期内达到了较好的景观效果，其中"花手鞠""珊瑚女王""蓝色梦想家"等品种表现尚佳。由于施工期短、苗源有限，故整体绣球苗的高度不高。在有条件的情况下，绣球苗的整体高度能控制在 70～80 cm，花带效果会更加突出。内环千米绣球花带设计方案见图 2-41，建成实景见图 2-42。

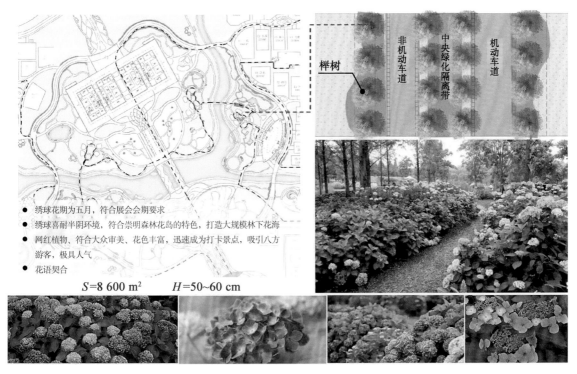

图 2-41 内环千米绣球花带设计方案

图中文字：

榉树

非机动车道

中央绿化隔离带

机动车道

- 绣球花期为五月，符合展会会期要求
- 绣球喜耐半阴环境，符合崇明森林花岛的特色，打造大规模林下花海
- 网红植物，符合大众审美、花色丰富，迅速成为打卡景点，吸引八方游客，极具人气
- 花语契合

S=8 600 m² H=50~60 cm

图 2-42 内环千米绣球花带实景

4. 外环中央花道设计

外环花卉景观以车行为主，采用粗犷简洁的设计手法，与背景林风格相融合。整体分为 4 段，南段为混合的野趣花境，西段为向日葵"无限阳光"，北段为粉萼鼠尾草、紫萼鼠尾草，东段为千日红"乒乓"。其中，向日葵、鼠尾草、千日红均达到了较为理想的景观效果，但野趣花境选用了较多的观赏草类，因展期生长期不够，故未能达到预期的景观目标。外环中央花道设计方案见图 2-43，建成实景图如图 2-44 所示。

外环中分带 花卉：15 095 ㎡；草坪：11 522 ㎡

观赏形式：7 m中央绿化隔离带两侧退界1.5 m，设计4 m宽的花卉景观

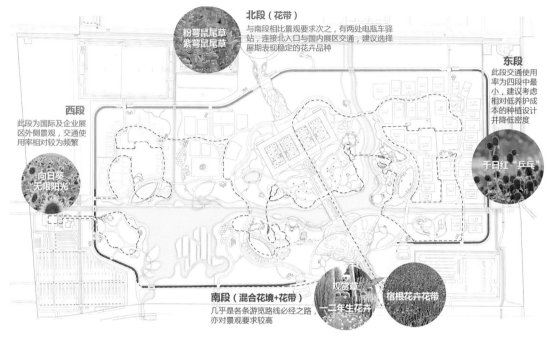

北段（花带）
与南段相比景观要求次之，有两处电瓶车驿站，连接北入口与国内展区交通，建议选择展期表现稳定的花卉品种

粉萼鼠尾草
紫萼鼠尾草

东段
此段交通使用率为四段中最小，建议考虑相对低养护成本的种植设计并降低密度

西段
此段为国际及企业展区外侧景观，交通使用相对较为频繁

向日葵
无限阳光

千日红 "乒乓"

南段（混合花境+花带）
几乎是各条游览路线必经之路，亦对景观要求较高

观赏草
+
一二年生花卉

宿根花卉花带

图 2-43 外环中央花道设计方案

(a) 外环南段

(b) 外环东段

(c) 外环北段

(d) 外环西段

图 2-44 外环中央花道实景

5. 混合花甸设计配置专项

1）花甸设计配置

"慕夏之梦"花甸位于核心区牡丹湖的东北侧，总面积约3 300 m²，坡向南面牡丹河，视野开阔，花甸以混色的细叶美女樱搭配多种矮观赏草，以模拟自然界高山上野花盛开的花毯景象，整体以粉色为基调，搭配紫、白，呈现朦胧梦幻的"慕夏之梦"，如图2-45所示。

图 2-45 "慕夏之梦"花甸实景

"绯色云汀"花甸位于核心区牡丹湖的西北侧，总面积约2 500 m²，坡向牡丹湖，整个花甸模拟的是野生花卉高低错落、斑块交错的景象，采用粉、紫红的千日红"乒乓"搭配毛地黄钓钟柳"秘密"、蛇鞭菊，形成不同层次的粉紫色变幻,并在其中点缀白色进行跳色,整体呈现出油画质感般的"绯色云汀",如图 2-46 所示。

图 2-46 "绯色云汀"花甸实景

"花随风舞"花甸位于国际展区及企业展区的中央位置,总面积约4 500 m²,整个花甸模拟的是自然界中花草交错生长、随风飞舞的景象,采用质地细腻的多色系宿根花卉,如山桃草、紫娇花、柳叶马鞭草,搭配多种观赏草,呈现出"花随风舞"的感觉,如图 2-47 所示。

图 2-47 "花随风舞"花甸实景

　　"阳光丽人"花甸位于玉兰园花谷,总面积约 1 500 m²,整个花甸模拟
的是自然界中花草掩映、摇曳之景,以观赏草为基底,点缀搭配黄紫色系
细叶美女樱、蛇鞭菊、蒲棒菊、松果菊等,呈现出野趣横生的"阳光丽人"
花谷,如图 2-48 所示。

图 2-48 "阳光丽人"花甸实景

2）花甸设计小结

（1）植物品种

在项目中，细叶美女樱、颖苞蜜糖草、细叶画眉草、千日红"乒乓"、蛇鞭菊、山桃草、紫娇花、柳叶马鞭草、蒲棒菊、鸢尾、花叶玉蝉花表现效果佳；而细叶芒、柳枝稷等需要一定生长时间的中大型观赏草类，因生长时间不足，未能达到预期的景观效果；钓钟柳"紫韵"因叶片为深紫色，融合性较差。根据项目实践总结可知，在花色上，应多选择色彩饱和度低的植物品种，以模拟自然色；在质感上，应多选择形态自然、飘逸，质感细腻的植物；在花期上，应尽量选择花期长的植物品种，以延长花甸的观赏期。

（2）配置手法

不同的配置手法表现出的景观效果存在差异性。"慕夏之梦"花甸将高度矮的细叶美女樱与矮的观赏草混植，表现出高山矮生的花甸景观，花开繁星点点、景观自然、结构稳定，配置简易，但施工难度较高。"绯色云汀"花甸以斑块状千日红为基底，再点植竖线条花卉，表现为高低错落、斑块交错的花甸景象，基底花开时繁盛，配置具有一定难度，且施工难度较高。"花随风舞"花甸为花卉、观赏草斑块交错种植，表现为节奏性花开景观，野趣性稍弱，配置难度高，但施工难度较低。"阳光丽人"花甸以低矮的花卉和中高度观赏草混植为基底，再点植多种竖线条花卉，整体景观效果最为野趣自然，结构随季节变换，配置具有一定难度，施工难度高。

6. 建筑周边花卉设计

1）世纪馆、复兴馆周边

按照建筑的方向和采光情况，在建筑的东北角，周边多常绿大乔木，郁闭度较高，以展示蕨类植物的绿色系的荫生花境为主。在建筑东侧，属于半阴环境，以展示紫粉色阴生花卉为主，上层局部遮阴。广场中央的光照条件较好，以蓝紫色清凉花境来降低广场上的燥热之感。总体花卉品种以玉簪类、矾根类、白芨、风雨兰、莨力花、秋牡丹、蛇含委陵菜、蜈蚣蕨、圆锥绣球为主。

2）花艺馆周边

选择银灰色、灰蓝色的植物为主景植物，打造高雅、现代的花境景观，从而更加衬托建筑的立面之美。采用高度为 $30\sim150$ cm 的花卉，如雪叶莲、银叶菊、蓝羊茅、蓝剑柏丝兰、橙花糙苏、芙蓉菊、银香菊、百里香等。

3）花栖堂周边

用大量蓝色、紫色系的观花、观叶花卉，形成蓝紫色系主题的花境，突显建筑周边宁静、清凉、高雅的景观氛围。推荐高度在 $30\sim70$ cm 的花卉，如百子莲、分药花、蓝花沙参、荷兰菊、桔梗、鸢尾、楼斗菜、鼠尾草等。

4）百花馆周边

用大量黄色、橙色系的观花、观叶花卉，形成黄色系主题的花境，突显建筑周边热烈、别致的景观氛围。推荐高度在 $30\sim70$ cm 的花卉，如彩叶美人蕉、橘黄崖柏、花叶香桃木、火炬花、火星花、金光菊、黑心菊、天人菊等。

建筑周边花境设计方案如图 2-49 所示。

图 2-49　建筑周边花境设计方案

7. 节点花境设计

红橙色系花境（生命活力、热情朝气）主要位于重要的道路交叉口、建筑周边等。主要配置植物：红花美人蕉、红花鼠尾草、千鸟花、松果菊、黑心菊、火星花、钓钟柳、四季海棠（红）、细叶美女樱、蓍草等。

白粉色系花境（梦幻、朦胧）主要位于桥头、次要园路两侧、展馆周边等。主要配置植物：八仙花、千鸟花、紫叶千鸟花、西洋滨菊雪叶菊、绵毛水苏、银香菊、美国薄荷、落新妇、粉花绣线菊、千日红（粉、白）、醉蝶花、松果菊（粉、白）、香彩雀。

黄橙色系花境（活泼、明快）主要位于展园周边、道路交叉口等。主要配置植物：火炬花、金光菊、天人菊、堆心菊、松果菊（黄）、金鸡菊、火星花、弯叶画眉草、细叶芒。

蓝紫色系花境（清凉、高贵）主要位于展区内的一些游憩小路两侧及外围背景林。主要配置植物：天蓝鼠尾草、百子莲、藿香蓟、林荫鼠尾草"蓝山"（浅蓝及蓝）、林荫鼠尾草"新篇章"（蓝）、蓝花鼠尾草、紫花美女樱、紫娇花、荆芥"六巨山"、矮生马鞭草 、蓝羊茅。

节点花境设计方案见图 2-50。

红橙色系花境（63个）
主要位于重要的道路交叉口、建筑周边等

白粉色系花境（101个）
主要位于桥头、次要园路两侧、展馆周边等

黄橙色系花境（26个）
主要位于展园周边、道路交叉口等

蓝紫色系花境（24个）
主要位于一些游憩小路两侧及背景林

图 2-50　节点花境设计方案

8. 西入口花田设计

西入口作为另一个重要的出入口，与西南角的停车场相连。西入口广场形态为矩形，故拟采用模块形式在此入口广场设计一片花田，既可形成片状花卉景观，又可进行近距离的品种展示，供游客驻足欣赏。西入口花田运用时令花卉及部分宿根花卉，达到较为理想的景观效果。在色彩和形态上注意对比与融合，形成多层次的花田景观。另外，结合草坪的留白，可形成空间变化。设计方案见图 2-51，建成实景见图 2-52。

9. 花卉试种的必要性

在上海种业（集团）有限公司的支持下，于 2019 年和 2020 年分别对设计中的花卉品种进行试验跟踪并记录。在试验过程中，模拟了会展预期碰到的相关花卉生境（湿度、温度），提前一年对花卉实验数据进行分析，基于相关适生性、观赏性和优效性对花卉进行筛选；同时，不同的种植密度所呈现的效果均反馈到设计图纸的要求中，以确保实施时能够准确、高效地呈现出花卉景观效果，而对于不可或缺但花期不对应的少数品种进行花期调控，具体详见本书第 4 章。

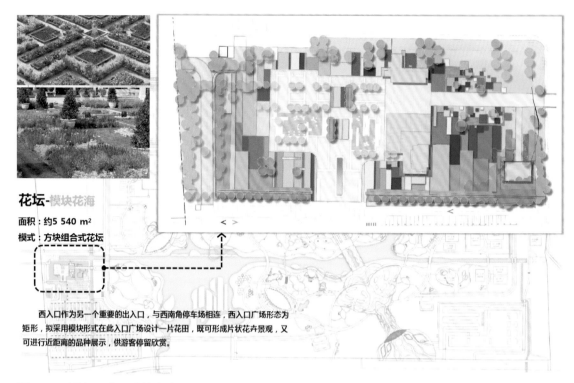

花坛-模块花海

面积：约5 540 m²

模式：方块组合式花坛

西入口作为另一个重要的出入口，与西南角停车场相连，西入口广场形态为矩形，拟采用模块形式在此入口广场设计一片花田，既可形成片状花卉景观，又可进行近距离的品种展示，供游客停留欣赏。

图 2-51　西入口花田设计方案

图 2-52　西入口花田实景

第 3 章

花博会园区低碳生态及运维关键技术

3.1 花博会园区低碳研究

温室气体导致的全球气候变暖已引起全世界的广泛关注。以园区为单元,实现建筑、交通等全局性"碳减排"已成为国际性或国际区域性组织的一项重要议题。尽管世界各国在经济水平、气候环境、科技水平、行为习惯等多个范畴存在显著差异,在以"降碳"为总体目标的前提下,实现能源、资源与环境等的全面优化是各国城市化进程及城市发展更新改造过程中普遍面临的集中且关键的问题。因此,在国家层面、国际组织间进行经验交流具有广泛的诉求和必要性。

3.1.1 低碳园区概述和典型国家及地区的低碳研究

各国发展低碳园区主要集中在一些典型城市的示范性项目。根据表 3-1,低碳园区建设适用于不同功能类型的城市或城镇社区,例如大型城市中央商务区、旅游城市、居住区、中小型城镇商务区、村镇等,人口规模可从上万人到几百万人。在园区示范项目建设过程中,虽然强调的重点不尽相同,例如生态、低碳、绿色、智慧/智能等关键词,但是通过碳减排强度这类定量化指标可以有效地评估不同技术手段下减少碳排放的措施,如比较 BAU(Business As Usual,常规情景)条件下与使用低碳技术条件下的纵向减碳收益;同时,可以通过"低碳"尺度横向比较各园区或社区的能源效率和环境水平,以及资源利用水平等综合效益。

表 3-1　典型低碳园区项目

国家及地区	项目	人口	城镇形式
中国	天津于家堡 CBD	50 万人	城市类型 1
中国	大连科技生态城	30 万人	城市类型 1
印度尼西亚	苏腊巴亚 (世行低碳城市示范项目)	280 万人	城市类型 2
日本	横滨智能城市项目	370 万人	城市类型 2
韩国	济州岛智能绿色城市	6 000 户	村镇
马来西亚	布城绿色城市	6.8 万人 (规划 30 万人)	城市类型 2
菲律宾	宿务岛 (世行低碳城市示范项目)	82 万人	城市类型 2
菲律宾	奎松绿色城市 CBD	268 万人	城市类型 1
新加坡	Plunggol 生态城	—	居住区
中国台湾	澎湖低碳示范岛	8.8 万人	村镇旅游区
泰国	苏梅岛清洁绿色发展城市	5 万人 (外加 100 万人次游客/年)	城市类型 2
越南	岘港环境城市计划	89.05 万人	城市类型 2

注:城市类型 1 表示以大型城区商务办公为主;城市类型 2 表示以中小型城镇商务办公为主。

1. 日本的低碳园区研究

日本建设低碳园区示范项目有较系统化的流程。首先,搜集园区开发前基本数据;然后,根据园区基本条件和总体预期,设立定量化的园区总体"降碳"目标和分段目标;最后,利用自上而下的方法给出实现目标的直接性指标和间接性指标。日本考虑到其自身具有"地少人稠"的地域特点,其低碳园区更多地强调园区系统的节能性,在建筑、交通等领域,依据不同层次条件建立集约型节能低碳园区,并在此基础上使园区功能满足便捷高效、防灾安全、环境舒适等其他控制性条件。

在低碳园区建设方面,分层次地考虑能源需求侧和供给侧的碳减排潜力,分类别地得到各项技术措施的碳减排量,从而综合评估包括建筑、交通、区域等在内的各项能源结构中各种可利用的技术措施下的"降碳"份额,通过可行性研究,最终给出园区低碳规划的科学决策。

在低碳技术实施方面,日本更注重智能控制等现代化技术,通过层级管理模式来实现园区、社区的智能化及家庭智能化,以便于区域结构性能源管理、建筑节能管理、交通电动车服务系统等,并通过智能电网、物联网、云计算等技术实现网络化、数字化的园区多层次结构服务。

2. 美国的低碳研究

由于历史先发优势,美国的用能特征以往一直是利用高资源、高能源消耗维持民众的高舒适性生活需求。但随着气候变化的全球性警示,美国政府采取的能源政策也逐渐受到影响,开始寻求可再生能源来替代传统的化石能源,并通过高新技术投资来开发太阳能、风能等清洁可再生能源。根据美国能源部(Department of Energy, DOE)制定的目标,计划至 2050 年实现 83% 的减排。实现目标的主要途径是实施一体化的能源战略,例如使用市政废弃物(污水、固废)来生产生物质燃料、压缩天然气及发电;建造太阳能、地热和风能发电厂;生产电动车和混合动力车,设置机动车的公共充电网点;建设基于社区的智能微网;高效合理用地,完善交通规划;其他可再生能源替代技术。实现目标的其他途径则是采用先进技术实现零能耗或高效建筑,以及实现工业生态化的高效生产流程。

3. 中国台湾的澎湖低碳示范岛

中国台湾于 2010 年在其能源会议上审批通过了建立澎湖低碳示范岛项目,该项目成为台湾地区 35 个主要节能低碳项目中的标志性项目。澎湖列岛除澎湖岛以外,还包括目斗屿等其他 63 个小岛屿,总面积约 127 km²,现有 3 万住户,共计 8.8 万人。澎湖低碳示范岛项目计划开发当地自用的可再生能源,期望可再生能源利用能占总能源利用的55%以上,并广泛采用节能设备;倡导家庭节能战略;倡导节水、减废以及废物等资源的循环利用战略;倡导以旅游观光业为主,设置绿色能源基础设施;倡导利用当地资源为主的健康、可持续的低碳生活模式。具体分为可再生能源、节能、绿色低碳交通、低碳建筑、绿地工程、资源循环利用、低碳生活模式和低碳学校教育这8个子项,且每个子项都有定量化的实施指标,例如在可再生能源利用方面,采用96 MW大型风力涡轮机、1.5 MW的光伏发电,以及安装6 400 m² 的太阳能热水器项目;在节能方面,安装2 106个智能计数仪表、4 000个LED灯、14 000个节能家用设备等;在绿色低碳交通方面,采用6 000辆电动摩托车,使用生物质柴油燃料,以及设计自行车交通网络等。

4. 马来西亚的低碳园区研究

为推动低碳可持续发展,东盟国家中以马来西亚为典型,它提出了低碳园区框架与评估系统,即从国家层面提出未来发展政策及实施规划。例如,马来西亚从国家发展导向到立法、发展规划、具体政策和经济规划,均有较为完善的构架内容,因此具有较强的政策可操作性。

在可持续发展框架中,遵循"以人为本"原则,首先努力提高居民的生活水平,不仅引入生活质量指数,还从社区康居性能、服务性、经济性、兼顾平等与多样性、实施政府职能管理等方面注重人性化服务,制定绿色社区导则;其次,在交通、建筑环境和资源三个方面布置降碳40%的任务,并分为城市环境、交通、基础设施和建筑4个控制子项,通过自下而上的微观生命周期方法,分析各子项领域的降碳潜力,提出碳减排定量化评估系统体系,通过采取绿色评价工具,最终审核降碳水平。

3.1.2　园区碳减排研究方法

1. 线性回归法

根据已有研究分析可知,建筑/园区的碳减排方法可以分为三类:Top-down模型(黑箱、定性化)、Bottom-up模型(白箱、定量化)和混合模型(灰箱)。

1) Top-down模型

Top-down模型(即自上而下模型)主要用于宏观能源经济分析和能源政策规划方面的研究。它以经济学模型为出发点,并以能源价格、经济弹性作为主要的经济指数,集中展现它们与能源消费和能源生产之间的关系。典型代表有基于一般均衡理论的CGE模型、能源-经济-环境模型(3Es-Model)和区域能源模型(GEM-E3)等。这类模型比较适合于对市场体系较为完善的宏观经济进行模拟。

2）Bottom-up 模型

Bottom-up 模型（即自下而上模型）是以工程技术模型为出发点，对以能源生产和消费过程中所使用的技术为根底进行详细的描述和仿真，并以能源消费、生产方式为主进行供需预测及环境分析的模型。Bottom-up 模型分为两类：一类以能源供应与转换为切入点，用于分析高效能源技术的引入及其效果的模型，以 IEA 的 MARKAL 模型和欧盟的 EFOM 模型为代表；另一类则以能源需求与能源消费为切入点，对各部门由于人类活动变化所引起的能源需求和消费方面的变化进行详细分析计算的模型，以法国的 MEDEE 模型和瑞典斯德哥尔摩环境研究所的 LEAP 模型为代表。

3）混合模型

自上而下模型和自下而上模型各有其特点，然而同一情况下两种模型不同的分析结果往往令决策者难以抉择。混合模型由于克服了自上而下模型不考虑技术细节等的理论缺点，且不要求完全等同于自下而上模型的数据量，因此，建立既考虑技术细节又能详细分析经济政策效果的整合两类模型优点的综合集成模型被认为是能源经济环境系统模型的发展趋势。混合模型比较适合于中-短期研究，丰富的技术信息有助于解释大部分的能源需求。典型代表有美国能源部开发的 NEMS 模型，以及 PRIMES 模型和 POLES 模型等。

2. 宏观法

所谓宏观法，更多地站在经济学角度，是一种综合考虑地区生产总值、户籍人口和第三产业占 GDP 的比重的碳减排研究方法。由此得到的能源消耗公式见式(3-1)。

$$\ln E = 常数 + A \times \ln GDP + B \times \ln P + C \times \ln TGDP \quad (3-1)$$

式中　E——能源消耗量；

　　　GDP——地区生产总值；

　　　P——户籍人口；

　　　$TGDP$——第三产业占 GDP 的比重。

$$E = E_c \delta_c + E_o \delta_o + E_n \delta_n \quad (3-2)$$

式中　E——能源消耗量；

　　　E_c，E_o，E_n——煤炭、石油、天然气的消耗量；

　　　δ_c，δ_o，δ_n——煤炭、石油、天然气排放 CO_2 的折算系数。

3. 微观法

碳排放总量包括能源系统、水资源系统、建筑围护结构材料系统、土地资源系统、植物碳汇系统等一级和多级子系统的碳源、碳汇的总和。

1）园区单位建筑面积 CO_2 排放量的基准值 B_{ec}

我国北方严寒和寒冷地区大多采取市政热水集中供暖方式，而其他地区则主要采取分户供暖方式，单位建筑面积 CO_2 排放量的计算将根据地区的不同分别计算，具体如下。

（1）严寒和寒冷地区：

$$B_{ec} = 278 \times \left\{ \gamma(Q_{rh} + Q_{rhw})\omega_{c,煤} + \left[\eta(Q_{rh} + Q_{rhw}) + \frac{Q_{rc}}{COP_{rc}} \right]\omega_{c,电} \right\}$$

$$(3-3)$$

（2）其他地区：

$$B_{ec} = 278 \times \left[\left(\frac{Q_{rh}}{COP_{rh}} + \frac{Q_{rc}}{COP_{rc}} \right)\omega_{c,电} + Q_{rhw}\omega_{c,电} \right] \quad (3-4)$$

式中 γ——市政热水供暖供热量折合系数，可取为 0.3；

η——市政热水输送损耗及耗电系数；

Q_{rh}——参考建筑单位面积全年耗热量，GJ/m^2；

Q_{rc}——参考建筑单位面积全年耗冷量，GJ/m^2；

Q_{rhw}——参考建筑单位面积全年生活热水耗热量，GJ/m^2；

COP_{rc}——以热泵作为参考采暖空调系统的供冷季平均性能系数；

COP_{rh}——以热泵作为参考采暖空调系统的供热季平均性能系数；

$\omega_{c,电}$——电的 CO_2 排放指标；

$\omega_{c,煤}$——煤的 CO_2 排放指标。

2）园区太阳能光热利用资源量

$$E_{sth} = Q_0 \times (v/n) \times \lambda_{sth} \times \gamma_{sth} \times \eta_{sth} \times A \quad (3-5)$$

式中 E_{sth}——太阳能光热利用资源量，kJ；

Q_0——太阳能年辐射量，$kJ/(m^2 \cdot a)$；

v——容积率；

n——建筑平均层数；

λ_{sth}——屋顶面积可使用率（光热）；

γ_{sth}——太阳能热水集热器面积与水平面的面积之比；

η_{sth}——太阳能热水器光热效率；

A——园区建筑用地面积，m^2。

3）园区太阳能光伏发电资源量

$$E_{PV} = Q_0 \times (v/n) \times \lambda_{PV} \times \kappa \times \eta_{PV} \times A \quad (3-6)$$

式中 E_{PV}——太阳能光伏发电资源量，kJ；

Q_0——太阳能年辐射量，$kJ/(m^2 \cdot a)$；

κ——太阳能光电效率修正系数；

υ——容积率；

n——建筑平均层数；

λ_{PV}——屋顶面积可使用率（光伏）；

η_{PV}——太阳能光电效率转换效率；

A——园区建筑用地面积，m^2。

4）园区土壤源热泵全年节能潜力

$$E_{GSHP} = E_{GSHP,s} + E_{GSHP,w}$$

$$= Q_{GSHP,s} \times \left(\frac{1}{EER_a} - \frac{1}{EER_{GSHP}} \right) + Q_{GSHP,w} \times \left(\frac{1}{COP_a} - \frac{1}{COP_{GSHP}} \right) \tag{3-7}$$

式中 E_{GSHP}——土壤源热泵系统的全年节能量，kWh；

$E_{GSHP,s}$——土壤源热泵系统的夏季节能量，kWh；

$E_{GSHP,w}$——土壤源热泵系统的冬季节能量，kWh；

$Q_{GSHP,s}$——土壤源热泵系统的夏季换热量，kWh；

$Q_{GSHP,w}$——土壤源热泵系统的冬季换热量，kWh；

EER_a——空气源热泵系统的制冷能效比；

EER_{GSHP}——土壤源热泵系统的制冷能效比；

COP_a——空气源热泵系统的制热能效比；

COP_{GSHP}——土壤源热泵系统的制热能效化。

5）园区用水 CO_2 基准排放量

$$B_{CW} = [W_1 Q_{B1} + (W_2 + C_2) Q_{B2}] / A' \tag{3-8}$$

式中 B_{CW}——园区用水 CO_2 基准排放量；

W_1——给水系统动力消耗产生的 CO_2；

W_2——污水处理系统动力消耗产生的 CO_2；

C_2——污水处理系统中碳源转化的 CO_2；

Q_{B1}——园区生活用水用量基准值，m^3/a；

Q_{B2}——排放至污水管网的生活污水量基准值，m^3/a；

A'——园区总建筑面积，m^2。

6）建材生产 CO_2 基准排放量

$$B_{mc} = \frac{\sum B_i [X_{Bi}(1-\alpha) + \alpha X_{rBi}]}{A'} \tag{3-9}$$

式中 B_{mc}——建材生产 CO_2 基准排放量；

X_{Bi}——第 i 种建筑材料生产过程中单位重量排放 CO_2 的指标基

准值，t_{CO_2}/t；

B_i——建筑所用第 i 种建筑材料的重量总和，t；

A'——园区总建筑面积，m^2；

α——建筑所用第 i 种建筑材料的回收率；

X_{rBi}——建筑所用第 i 种建筑材料的回收过程排放 CO_2 指标基准
值，t_{CO_2}/t。

7）能源结构的 CO_2 强度模型

$$K = \alpha \times 1.026 + \beta \times 0.390\,2 + \gamma \times 0.248\,6 \qquad (3\text{-}10)$$

式中，α、β、γ 分别是煤炭、石油和天然气占总能源的消费比例。

4. 全生命周期评价法

生命周期评价（Life Cycle Assessment，LCA）是一种评价产品、工艺
或服务从原材料采集到产品的生产、运输、销售、使用、回用、维护及最终
处置整个生命周期阶段的能源消耗及环境影响的工具。它首先辨识和
量化整个生命周期阶段中能量和物质的消耗以及环境释放，然后评价这
些消耗和释放对环境的影响，最后辨识和评价减少这些影响的机会。通
过合理降低负荷需求、常规能源的高效利用以及可再生能源的充分合理
利用，构建复合式能源系统，从而实现低碳能源结构的节能减排，具体实
施途径体现在以下三个方面：

（1）提高建筑节能标准，降低负荷需求。通过提高建筑热工性能、优
化建筑通风和自然采光、选择能效等级高的用能设备、节能控制等措施，
使公共建筑在节能标准 50% 的基础上，采暖空调能耗再下降 30%，照明
能耗再下降 15%；居住建筑在节能标准 65% 的基础上，采暖空调能耗再
下降 15%，照明能耗再下降 10%。

（2）采用能源高效利用方式。发展热电联产，实现能源梯级利用。
以燃气热电联产机组承担基础热负荷，燃气锅炉承担调峰热负荷，将热
化系数控制在 0.5~0.6 之间。充分考虑冷源效率、输送能耗、部分负荷
特性和计量收费等因素，合理选择区域供冷用户，控制区域供冷规模。
与常规热电冷分产系统相比，采用热电冷三联供技术可获得全年综合节
能率大于 5% 的成效。

（3）可再生能源合理应用。在对区域资源、地质、水文、气象条件及
负荷需求特点进行充分调研的基础上，明确规划对于可再生能源的应用
方式，并确定其合理应用规模，具体包括土壤源热泵、污水源热泵、地热
热泵、太阳能光电和太阳能光热等应用。某园区可再生能源合理开发规
模研究结果见表 3-2。

表 3-2　某园区可再生能源合理开发规模研究结果(示例)

可再生能源利用方式	适用对象	开发规模
土壤源热泵	低密度独栋高档别墅及有足够场地的小型公建,且尽量应用于冷热负荷平衡的项目	总供热容量 30 MW,总供冷容量 36 MW
污水源热泵	承担南区约 4 万 m² 配套公建的冷热负荷	供热容量 4.0 MW,供冷容量 3.8 MW
地热热泵	每处地热井承担住宅区约 12 万 m² 的采暖负荷,打井间距>1 km	供热容量 4.0 MW
太阳能光电	配套公建屋顶,应充分考虑光伏与建筑一体化的设计;适当选择太阳能草坪灯、太阳能庭院灯、太阳能路灯等小型独立的太阳能发电产品	年总发电量 14 400 MW·h
太阳能光热	住宅全部采用太阳能热水系统供应生活热水;公共建筑中的公共浴室、厨房等使用热水部位应采用太阳能热水系统	日生活热水供应量 2.3 MW,太阳能保证率 50%～60%

3.1.3　园区碳减排策略

1. 绿色交通

通过构建由轨道交通、市政公交、环保巴士班车、公共电瓶车、公共自行车、步行、私人小汽车组成的多式联运系统并鼓励绿色出行,园区内公共交通全部采用新型环保能源的车辆(如电动汽车、燃料电池汽车),鼓励企业或私人配置环保、低污染办公车,以及设置交通信息中心等一系列措施,使园区的绿色出行比例达到 70% 以上,且园区与轨道交通及主要对外交通枢纽的接驳时间少于 30 min,园区内各功能中心之间的出行时间少于 15 min。

2. 生态景观

以维护城市绿地水体系统生态平衡、保护城市绿地功能及绿地生物多样性、实现资源的可持续利用为基本出发点,经过对规划园区内生态水体与绿化环境的多次实地踏勘,提出保护措施,从而最大限度地保护项目用地范围内的植被,实现绿地率大于 50%、本地植物指数大于 80%、自然湿地净损失率为 0、物种多样性指数大于 1 的目标。另外,在群落结构配制上,优先考虑绿化系统的碳汇功能,例如,增加草坪的乔木、灌木比重,并且选种碳汇功能高的乔木树种(如柿树、刺槐、法桐、国槐等)和灌木树种(如紫薇、紫荆、蔷薇等)。

3. 水资源综合利用

充分有效地利用水资源、节约用水,合理规划地表与屋面雨水径流途径、降低地表径流、采用多种渗透措施增加雨水渗透量,提出并建立逐级渗透的雨水涵养系统和水循环代谢系统,尽量采用雨水、再生水等非传统水源,大力提倡梯级用水、循环用水,并保持良好的生态水环境。

4. 空间形态

低碳城市布局的目的是通过控制形态和建筑单体设计来构造和谐、优美、舒适的城市环境。具体包括以下几方面内容:

(1) 在有限的城市空间上布置高密度的产业和人口,单位用地面积有较高的产出,城市功能区和单体建筑物紧凑布局,根本目的是提高城市资源的配置效率。

(2) 使居民在公交和步行距离内满足通勤、生活和保健的基本要求,同时保留耕地、林地和湿地等自然资源,以便腾出更多的土地来营造森林和绿地,从而扩大城市碳汇。

(3) 通过调整城市空间形态、建筑物间距与体量、道路肌理、开敞空间和材质色彩,从而改善区域内部的热环境,控制热岛强度,使其不高于1.5℃。

5. 低碳情景评估

对于各种低碳策略对应的节能减排量或碳汇增加量进行逐项计算,结合基准情景的能耗及碳排放量预测结果,即可求得低碳情景下规划新区的能耗及碳排放量。

3.1.4 低碳园区实施要点

1. 建立碳减排组织机制

低碳园区这个目标需要政府、业主单位、设计方、建设方以及碳管理公司多方协作才能得以实现。此次第十届花博会园区很好地达成了多方协作,具体来说即由政府部门负责组织规划、审批;由业主单位负责对园区建设进行决策、组织、监管;设计研究院开展园区咨询、研发、设计;建设工程公司对施工、建筑部品进行统计;建设项目监理单位对施工进行监督、管理;碳管理机构开展碳管理与交易中介、评定工作。

2. 碳减排方式

碳减排方式包括直接减排和间接减排两种。

直接减排即通过某种方式直接减少人类的温室气体排放,例如分解、利用温室气体。通过直接将工业生产过程中产生的HFC进行分解,以达到减排的目的;或者直接将已排放的温室气体进行捕捉、减少,如造林与再造林项目。

间接减排即通过减少化石能源的消耗达到温室气体的减排。例如,能源效率提高、可再生能源利用、能源替代等方式均可减少化石能源消耗,从而间接减少温室气体的排放。常见的如可再生能源风力发电项目、水力发电项目均属于零排放清洁能源,或通过提高利用能源效率、减少火力发电来间接减少 CO_2 的排放。

第十届花博会低碳园区碳减排主要涉及以下内容：①改善终端能源利用效率；②改善供应方能源效率；③可再生能源；④替代燃料；⑤农业（甲烷和氧化亚氮减排项目）；⑥工业过程（水泥生产等减排 CO_2 项目，减排氢氟碳化物、全氧化碳或六氟化硫的项目）；⑦碳汇项目（仅适用于造林和再造林项目）。

以上这七个方面的内容都与建筑或建筑区域项目息息相关。

3. 确定碳减排单元

1）施工阶段

建筑材料（主要包括混凝土、钢材、玻璃等）；建材运输；建筑废料运输；建筑废料处理。

控制途径：①减少建筑材料用量；②尽量使用低排放可循环利用的建材；③就近用材；④对建筑废料回收处理替代填埋和焚化。

2）运营阶段

电耗、为产电而导致的化石能源消耗（如天然气、汽油、沼气等）、热水、热耗、废水治理、固废处理；其他工业化过程。

控制途径：①减少能耗；②可再生能源利用，包括太阳能、风能、水电、生物质、地热、潮汐能等；③碳补偿，例如扩大植被绿化，增加碳汇。

3.1.5 花博会园区低碳评价

从定性到定量，从分项条目控制到目标过程控制，量化碳减排潜力。

低碳评价指标构建的目的是将低碳理念落地成具体指标，并将其纳入控制性规划，使管理者在后续实施过程中有抓手、设计者有依据，从而实现低碳发展策略的可量化、可实施和可评估。花博会园区的低碳评价内容主要包括以下几个方面：

（1）园区用能低碳（能源结构优化、建筑耗能约束、交通耗能约束）；

（2）园区物理环境负荷（风环境、空气质量、地形/地质环境、采光环境、水环境、噪声环境）；

（3）园区资源环境负荷（水资源循环利用、水体养护、材料资源、土地资源利用、固废循环利用）；

（4）园区碳汇比率（绿化率、绿化系数）。

3.1.6 结论

园区的土地利用、工业、电力、建筑、交通等都是协助园区整体达到减排目标的重要方面，低碳规划有着举足轻重的作用。通过梳理并明确园区低碳发展的实施途径和实现方式，为低碳理念的可执行、可评估进行了有益探索。本节系统阐述了低碳规划的总体思路、指标体系构建、低碳策略及情景评估等内容,将低碳发展理念从宏观层面引向实际操作层面。由此可见,为实现花博会园区的低碳发展,首先要以低碳为主线贯穿规划各个阶段,需要规划相关各专业有效配合,规划、管理、建设等各部门共同协作,综合城市气候变化应对策略及实施方法,真正将低碳落到实处。

3.2 基于园区尺度的微环境预测研究

基于花博会园区低碳建设的目标和实施策略,为了给展期时的景观遮阴系统和导风系统提供设计基准、优化室外人行活动区长期和短期停留区域的微环境,我们开展了花博会园区动态三维风速地图和温度热力地图模型研究。同时,为了优化餐饮废气等污染物的排放路径、减少污染物对场地环境及人员健康的不良影响,通过对园区内的餐厨等油烟污染物排放源的定位和散发强度进行研究,建立了花博会园区空气污染源动态扩散模型并进行了分布特征预测。通过上述基于场地的微气候环境仿真预测技术,指导园区人流导向设计,助力园区达到低碳、生态建设的目标。

3.2.1 花博会园区三维风速地图分析研究

1. 分析模型与网格

将花博会园区及永久场馆(图 3-1)按照原尺寸建立三维几何模型(图 3-2),并划分网格。为了满足模拟要求及保障计算结果的稳定性,将CFD(Computational Fluid Dynamics,计算流体动力学)流场计算域的大

图 3-1 第十届花博会项目实景图

小设为 2 500 m×2 500 m×80 m(长×宽×高)。整个流场的 X、Y、Z 面均匀分布 1∶1～1∶1.2 的长方形体块网格,在整个计算域中设置了均匀的网格,项目计算网格分布图如图 3-3 所示,计算域中的网格数约为821 万个。模型采用中心差分格式进行计算,大涡模拟(Large Eddy Simulation,LES)的计算时间为 300 s,时间间隔为 0.1 s。

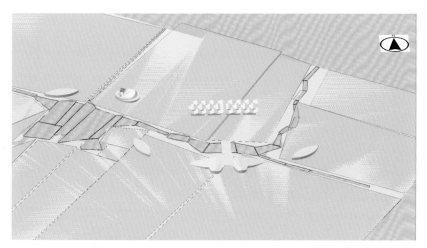

图 3-2　项目模型示意图

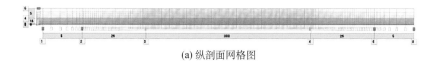

(a) 纵剖面网格图

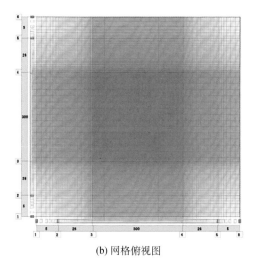

(b) 网格俯视图

图 3-3　项目计算网格分布图

2. 三维风速地图分析研究

1) CFD 原理

CFD 可对空气、水、油、液态金属等流体的流动及传热进行模拟,当流体流动的马赫数(Ma)不大于 0.3 时,空气可视作不可压缩流体。CFD

的基础方程包括:连续性方程、动量方程、能量方程、组分质量守恒方程和状态方程等。

对于实际工程领域中遇到的大多数工程而言,其雷诺数(Re)一般较高,故均需大量的计算资源,而这远远超过当前一般工程领域所拥有的计算能力。因此,必须对流动中的湍流做一些简化的数学描述。

自20世纪70年代以来,有关湍流模型的研究发展迅速,期间建立了一系列模型诸如零方程、一方程、两方程模型和二阶矩模型,且这些模型能够十分成功地模拟边界层和剪切层流动。各种湍流模型的出现,在工程允许的误差范围内,大大提高了计算速度,使常规的计算机资源可以胜任工程领域CFD的运用,使得CFD方法真正从实验室应用走向工程应用。

在CFD方法的诸多湍流模型中,最常见的是标准k-ε模型,它不仅为解决工程问题提供了一定的精度保证,还可以在允许的时间周期和计算机资源内得到计算结果,因此在世界范围内获得了广泛应用。有关标准k-ε模型的相关知识在此不展开叙述,有兴趣的读者可以查阅相关书籍。但需要说明的是,虽然CFD方法为与流体力学相关的工程设计提供了有益的参考,但是由于CFD方法中湍流模型的构建原本就基于一系列的假设,因此势必存在误差和适用性问题,而这并不影响工程界公认CFD方法可以作为工程设计的重要参考。

2) 边界参数设置

上海属亚热带季风气候,冬夏寒暑交替,四季分明。由于季风气候年际变化大,上海常年气候既稳定,又有变异,因而形成了多种迥然不同的气候年型。

根据《中国建筑热环境分析专用气象数据集》和《民用建筑供暖通风与空气调节设计规范》(GB 50736—2012)中提供的上海市典型气象年风向、风频统计结果,选取各季节的主导风向和风速。其中,冬季西北风频率最大、夏季东南风频率最大、春季东南偏东向风的频率最大、秋季东北偏北向风的频率最大。因此,本书采用冬季 NW 3.0 m/s、夏季 SE 3.0 m/s、春季 ESE 3.8 m/s、秋季 NNE 3.9 m/s 作为模拟分析的边界条件,如表3-3所列。

表3-3 上海市典型气象年风向、风频统计结果

季节		基本情况	风向	风速/($m \cdot s^{-1}$)
冬季		风频最大	NW	3.0
夏季		风频最大	SE	3.0
过渡季	春季	风频最大	ESE	3.8
	秋季	风频最大	NNE	3.9

在边界条件设置过程中,大气边界层平均风速具备大气边界层自身的特征(图 3-4),即平均风速梯度或风剖面,且不同地形的风速梯度不同,如图 3-5 所示。

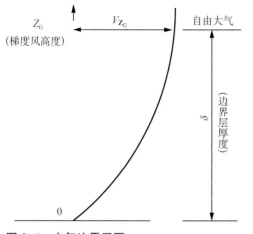

图 3-4　大气边界层图　　　　图 3-5　不同地形大气边界层曲线

风速梯度分布符合幂指数分布规律,粗糙度指数 α 在梯度风高度 δ 内保持不变,而 δ 本身只是 α 的函数,即:

$$\frac{V}{V_0} = \left(\frac{Z}{Z_0}\right)^\alpha \tag{3-11}$$

式中　V——高度为 Z 处的风速,m/s;

　　　　V_0——基准高度 Z_0 处的风速,m/s,一般取 10 m 处的风速;

　　　　α——粗糙度指数。

地面条件不同,幂指数 α 不同。行业标准《民用建筑绿色性能计算标准》(JGJ/T 449—2018)中不同地面类型下的 α 值与梯度风高度(即大气速度边界层厚度)的关系如表 3-4 所列。

表 3-4　不同区域地面粗糙度指数 α 值

地面类型	A:近海地区,湖岸,沙漠地区	B:田野,丘陵及中小城市,大城市郊区	C:有密集建筑的大城市市区	D:有密集建筑群且房屋较高的城市市区
α	0.12	0.16	0.22	0.30
梯度风高度/m	300	350	400	450

第十届花博会园区位于上海市崇明区,周边无密集建筑群,多为田野,即属于 B 类,因此粗糙度指数 α 取值 0.16。

3) 模拟结果

春季工况下,来流风风向为 ESE,风速为 3.8 m/s。春季属于过渡季节,有一定风速流动的区域更适合人员活动。图 3-6 中红色虚线区域表示风速在 1～3 m/s,适宜人员进行室外活动并可保证空气有一定的流通,因此该类区域适宜作为人员在室外的聚集地。

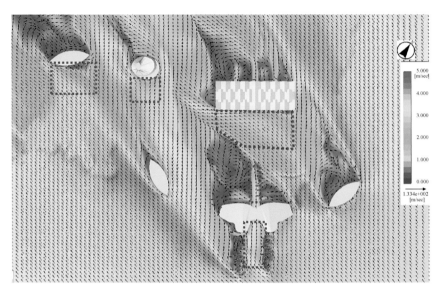

图 3-6　春季 1.5 m 高度处室外人行区风速矢量图

夏季工况下,来流风风向为 SE,风速为 3.0 m/s。由于夏季温度较高,因此有一定风速流动的区域更适合人员活动。图 3-7 中红色虚线区域表示风速在 0.8～2 m/s,适宜人员进行室外活动并可保证空气有一定的流通,因此该类区域适宜作为人员在室外的聚集地。

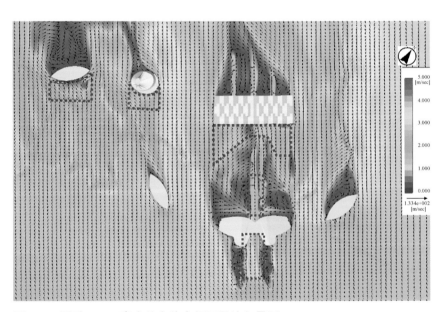

图 3-7　夏季 1.5 m 高度处室外人行区风速矢量图

秋季工况下,来流风风向为 NNE,风速为 3.9 m/s。秋季也属于过渡季,有一定风速流动的区域更适合人员活动。图 3-8 中红色虚线区域表示风速在1~3 m/s,适宜人员进行室外活动并可保证空气有一定的流通,因此该类区域适宜作为人员在室外的聚集地。

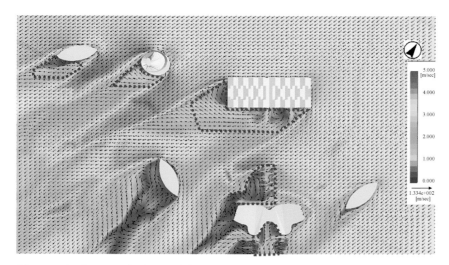

图 3-8　秋季 1.5 m 高度处室外人行区风速矢量图

冬季工况下,来流风风向为 NW,风速为 3.0 m/s。由于冬季温度较低,因而风速较小的区域更适合人员进行室外活动。图 3-9 中红色虚线区域表示风速在 0.5~2 m/s,适宜人员进行室外活动并可保证空气有一定的流通,因此该类区域适宜作为人员在室外的聚集地。

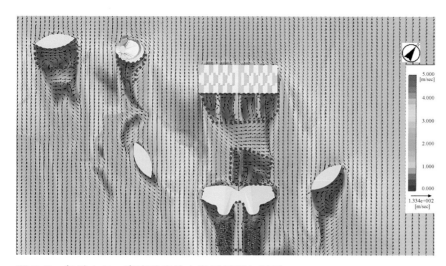

图 3-9　冬季 1.5 m 高度处室外人行区风速矢量图

3. 结论

结合上述四季室外风环境的模拟结果,以及对于各个季节舒适度特点的分析,基于第十届花博会园区的三维风速地图得到适宜人员室外聚集的区域除了世纪馆外,其他场馆基本均位于各场馆的南侧,而世纪馆的适宜区域则位于中轴线的南北两侧(图 3-10)。

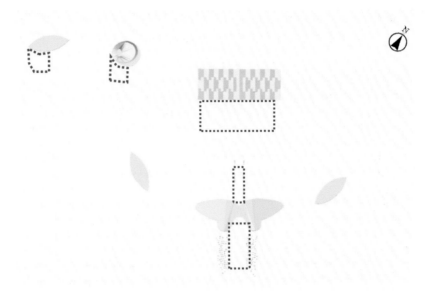

图 3-10　基于风环境的适宜人员聚集区域示意图

3.2.2　花博会热力地图分析研究

1. 热环境分析方法

热岛效应是指整个城市范围级别的由于下垫面(大气底部与地表的接触面)吸热导致的城市温度提升。通常意义上,热岛强度 1.5℃、2.0℃ 或 3.0℃ 是指整个城市相对于市郊农村地区的温差。然而,对实际建筑区域进行热岛模拟时,由于受到各种现实因素(如电脑以及软件、工程模拟的时间周期等)的约束,一般热岛模拟建模的范围为对象区域的 3～5 倍,因此范围模拟得到的热岛效应值较实际结果偏低。

针对目前本领域范围内的热岛定义方法,行业标准《民用建筑绿色性能计算标准》(JGJ/T 449—2018)中有所修正,其建议热岛效应的判定需包含两个仿真模型:一个为基准模型,其下垫面全部按照水泥地面设定;另一个为设计模型,它按照实际情况在模拟域中设定水体和绿植(水体和绿植是热岛效应改善的两个主要因素,产生热岛效应的大部分原因是绿地的减少),最后根据基准模型和设计模型的温度差值来判定热岛强度的改善情况。

2. 热环境边界

气象学上对于春夏秋冬的季节定义是以日平均温度 10℃ 和 22℃ 为分界线,连续 5 天日平均气温稳定超过 22℃ 的第一天称为"入夏"。对热环境进行模拟,根据《建筑节能气象参数标准》(JGJ/T 346—2014)中上海地区典型气象年选取 30 天上海夏季典型气象日(根据气象学统计,尽管 6 月 21 日或 22 日即夏至日的太阳辐射强度最大,但一般认为最热时间段是 7 月 21 日前后约 15 天,即 7 月 8 日至 8 月 7 日)的 3 个典型时刻(9:00、12:00、15:00)的参数平均值,并进行如下设置。

(1)气象地理参数设定:上海夏季典型气象日的 3 个典型时刻(9:00、12:00、15:00)的平均室外温度和辐射量,见表 3-5。

表 3-5　上海夏季典型气象日气象地理参数设定

时刻	平均室外温度/℃	辐射量/(W·m⁻²)
9:00	28.8	482.1
12:00	31.4	690.3
15:00	32.3	421

注:上海的地理位置是北纬 31°12′、东经 121°24′。

(2)下垫面材料物性参数设定:保水性铺装和水体;草坪、植栽群和水体的蒸散量参照《城市居住区热环境设计标准》(JGJ 286—2013)换算得到。常见的城市下垫面材料物性参数见表 3-6。

表 3-6　常见的城市下垫面材料物性参数

类型	反射率	比热/[J·(kg·K)⁻¹]	导热系数/[W·(m·K)⁻¹]	密度/(kg·m⁻³)	蒸散量/[g·(m²·h)⁻¹]
建筑	0.2	1 940	1.63	2 100	—
保水性铺装	0.3	880	1.3	2 200	—
草坪、植栽群	0.2	1 465	0.42	950	262.3
水体	0.75	4 200	11.2	1 000	437.4
柏油	0.06	810	1.3	1 810	—

在设定了上述所有相关边界条件后,简化选取 3 个典型时刻(9:00、12:00、15:00)的工况进行相关 CFD 计算。

3.热环境模拟结果

1)9:00 工况

根据 9:00 工况下场地内的温度分布,建筑的向阳面[图 3-11(a)]与背阴面[图 3-11(b)]的阴影部分平均温度为 30.4℃,来流风流经的地面温度为 36.8℃。建筑的背风面温度为 37.8℃。

其中,9:00 工况下温度分布图[图 3-11(c)]中,红色虚线区域在夏至日室外人行区距地高 1.5 m 处的温度低于其余区域,故该些区域适宜作为人员室外活动的聚集区域。

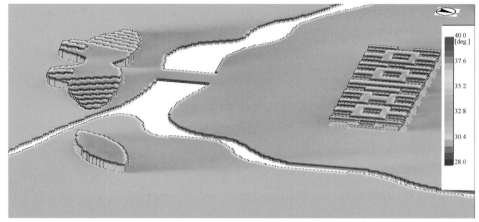

(a) 向阳面

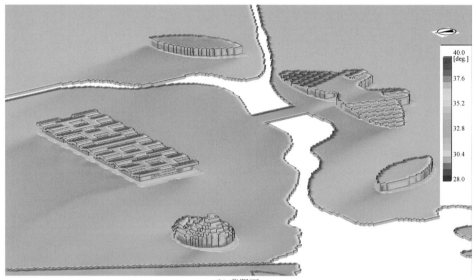

(b) 背阴面

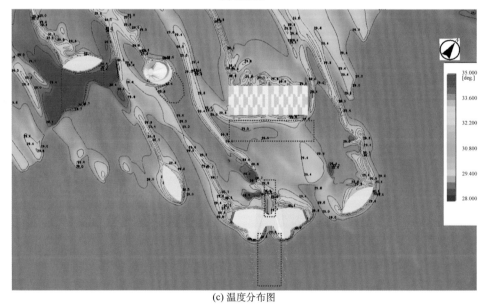

(c) 温度分布图

图 3-11 9:00 工况下热环境模拟分析结果

2) 12:00 工况

根据 12:00 工况下场地内的温度分布,建筑的向阳面[图 3-12(a)]与背阴面[图 3-12(b)]的阴影部分平均温度为 30.7℃,来流风流经的地面温度为 43.4℃。建筑的背风面温度为 46.8℃。

其中,12:00 工况下温度分布图[图 3-12(c)]中,红色虚线区域在夏至日室外人行区距地高 1.5 m 处的温度低于其余区域,故该些区域适宜作为人员室外活动的聚集区域。

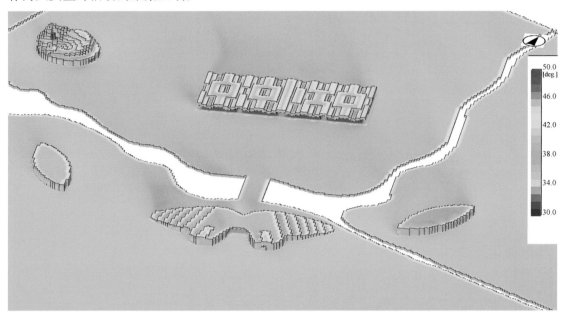

(a) 向阳面

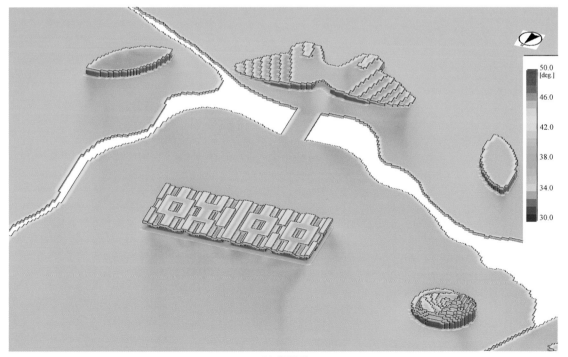

(b) 背阴面

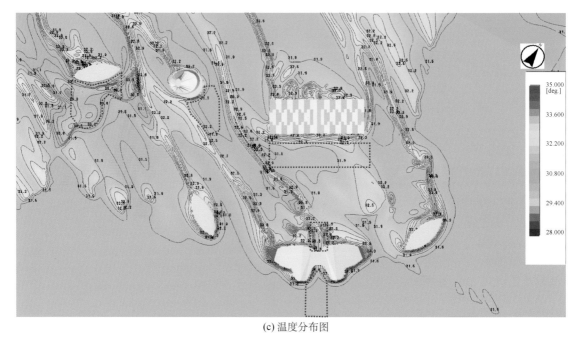

(c) 温度分布图

图 3-12　12:00 工况下热环境模拟分析结果

　　3) 15:00 工况

　　根据 15:00 工况下场地内的温度分布,建筑的向阳面[图 3-13(a)]与背阴面[图 3-13(b)]的阴影部分平均温度为 38.2℃,来流风流经的地面温度为 36.8℃。建筑的背风面温度为 42.3℃。

　　其中,15:00 工况下温度分布图[图 3-13(c)]中,红色虚线区域在夏至日室外人行区距地高 1.5 m 处的温度低于其余区域,故该些区域适宜作为人员室外活动的聚集区域。

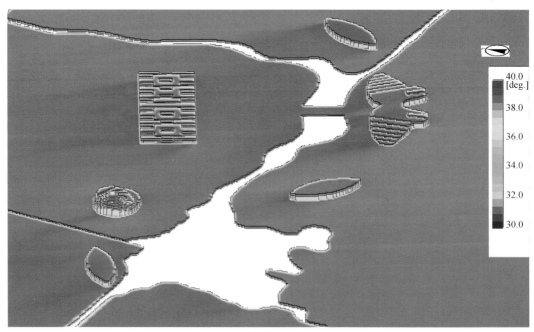

(a) 向阳面

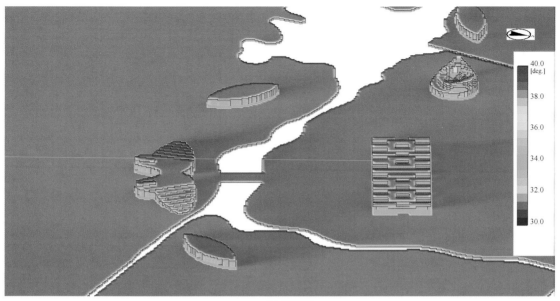

(b) 背阴面

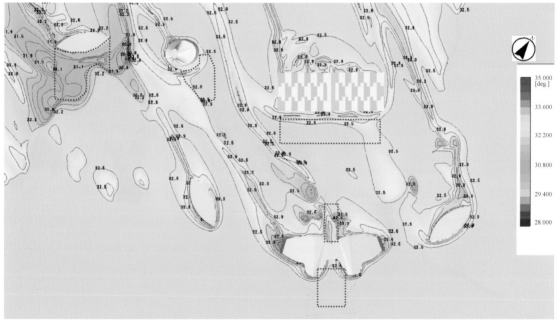

(c) 温度分布图

图 3-13 15:00 工况下热环境模拟分析结果

4. 结论

结合夏至日 9:00、12:00 与 15:00 三个典型时刻的室外热环境模拟分析结果,基于第十届花博会园区的热力地图得到适宜人员在室外聚集的区域除了世纪馆外,其他场馆基本均位于各场馆的南侧,而世纪馆的适宜区域则位于中轴线的南北两侧(图 3-14)。

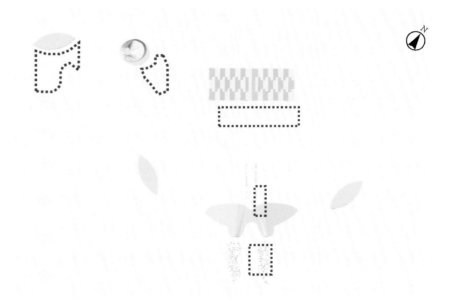

图 3-14 基于风环境的适宜人员聚集区域示意图

3.2.3 餐厨油烟污染物排放源的定位和散发强度研究分析

1. 油烟污染物排放研究

随着社会的不断发展,大气污染已成为危害人体健康的主要因素之一。世界卫生组织(World Health Organization,WHO)在全球范围内进行了大气污染调查,结果表明发展中国家因大气环境问题引发的疾病已成为其重要的负担,亚洲地区因空气污染造成的疾病约占全球的 2/3。同时,已有研究发现对人体健康和环境危害最大的是粒径小于 10 μm 的悬浮颗粒物。近年来,可吸入颗粒物已成为许多城市首要解决的环境问题。因此,对于大气颗粒物的控制和防治已成为世界各地的环境工作者、气象工作者及建筑规划师的一项重要课题。由于餐饮业排放的油烟中含有可吸入颗粒物,其粒径在 0.01~10 μm 之间,故第十届花博会园区的污染物排放研究主要针对油烟污染物。

如图 3-15 所示,假定红圈内的建筑为餐饮建筑,十字星标记点为油烟排放口。本节研究将结合四季室外风环境的模拟结果,对这 2 栋建筑的油烟扩散趋势及大致范围进行分析,并判断室外人行活动区域与人员聚集区域是否受其影响。

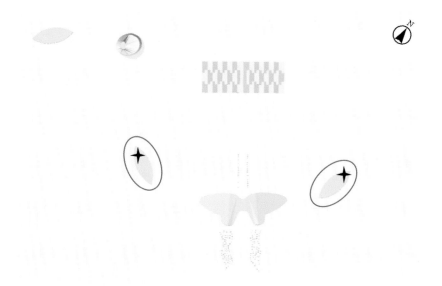

图 3-15　油烟排放口分布位置

2. 餐饮建筑屋顶高度风速分布矢量图

春季工况下,来流风风向为 ESE,风速为 3.8 m/s。综合前述三维风速地图与热力地图的研究结论(图 3-16),适宜作为人员聚集地的 5 个场地如图 3-16(a)中红色虚线框所示。春季工况下,餐饮建筑的油烟将从标记点顺着来流风向西北偏西方向扩散,且扩散速度较快,故对于 A 区域东侧部分和 C 区域东侧部分会有影响,导致 A 区域和 C 区域的人员聚集地面积在春季会有一定的减少。

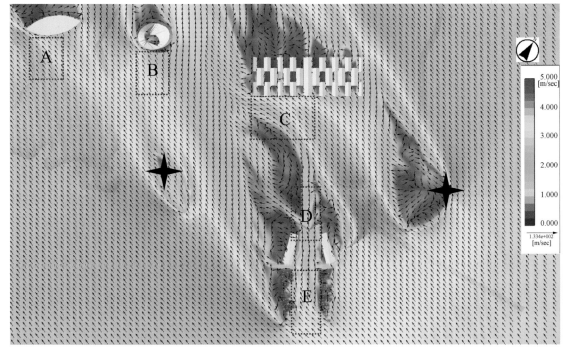

(a) 屋顶高度风速分布矢量图(俯视图)

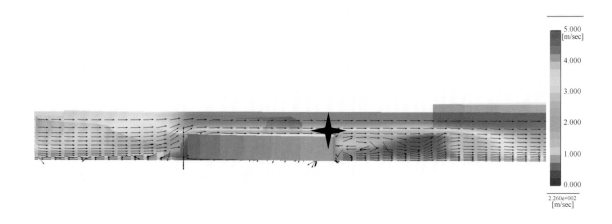

(b) 风场剖面图

图 3-16   春季餐饮建筑风速分布矢量图

夏季工况下,来流风风向为 SE,风速为 3.0 m/s。综合前述三维风速地图与热力地图的研究结论(图 3-17),适宜作为人员聚集地的 5 个场地如图 3-17(a)中红色虚线框所示。夏季工况下,餐饮建筑的油烟扩散方向为西北方向,但由于该工况下整体场地内的风速较小,污染物扩散得较慢,故认为对于这 5 个场地没有较为明显的影响。

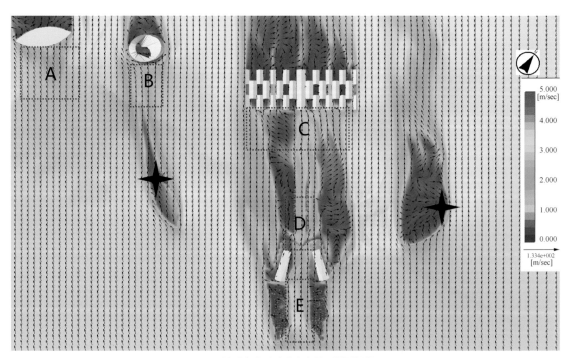

(a) 屋顶高度风速分布矢量图(俯视图)

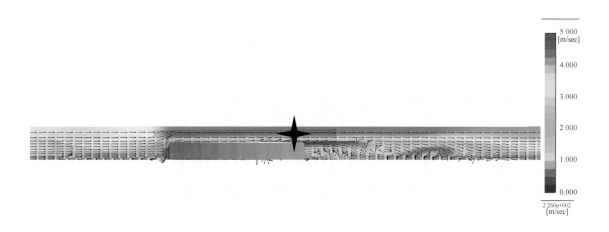

(b) 风场剖面图

图 3-17　夏季餐饮建筑风速分布矢量图

　　秋季工况下，来流风风向为 NNE，风速为 3.9 m/s。综合前述三维
风速地图与热力地图的研究结论(图 3-18)，适宜作为人员聚集地的 5 个
场地如图 3-18(a)中红色虚线框所示。秋季工况下，餐饮建筑的油烟扩
散方向为西南偏南方向，且扩散速度较快，因此，可能受影响的区域为 D
区域。但由于 D 区域的东侧有规划种植乔木，可对油烟污染物进行一定的
过滤，故秋季工况下，5 个区域皆可作为室外活动区域和人流聚集区。

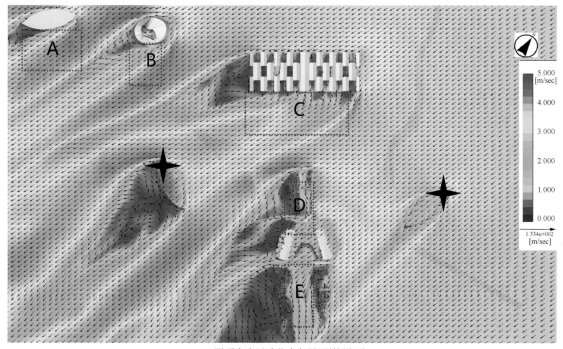

(a) 屋顶高度风速分布矢量图(俯视图)

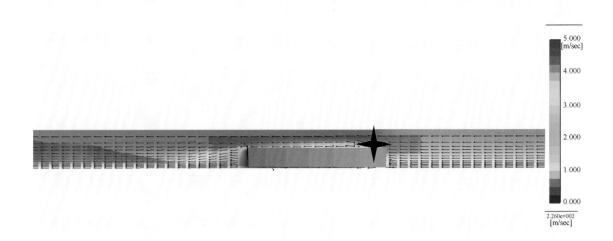

(b) 风场剖面图

图 3-18　秋季餐饮建筑风速分布矢量图

　　冬季工况下,来流风风向为 NW,风速为 3.0 m/s。综合前述三维风速地图与热力地图的研究结论(图 3-19),适宜作为人员聚集地的 5 个场地如图 3-19(a)中红色虚线框所示。冬季工况下,餐饮建筑的油烟扩散方向为东南偏南方向,但由于该工况下整体场地内的风速较小,污染物扩散得较慢,故认为对这 5 个活动场地没有较为明显的影响。

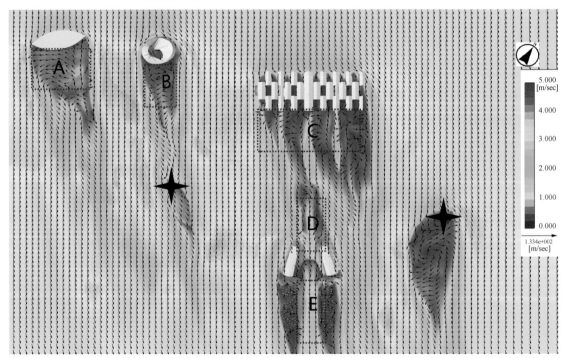

(a) 屋顶高度风速分布矢量图(俯视图)

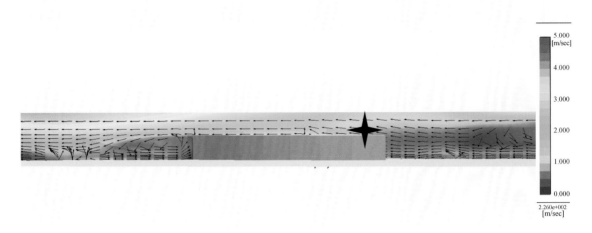

(b) 风场剖面图

图 3-19   冬季餐饮建筑风速分布矢量图

3. 结论

基于四季餐厨油烟污染物排放源的定位和散发范围分析,第十届花博会园区共计有 5 处区域适宜人员进行室外活动,但春季受污染物扩散影响,A 区域和 C 区域的面积会有一定减少,具体减少多少如图 3-20 中实线框所示,四季通用的活动区域如图 3-20 中虚线框所示。

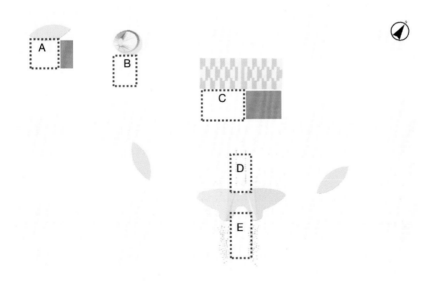

图 3-20   基于餐饮油烟扩散分析的人员活动区域范围

3.2.4   室外人行区长期性和短时性分布热点研究

基于场地风环境与热环境的模拟计算结果,第十届花博会整体场地冬季风速小于 5 m/s,过渡季节基本没有无风区与涡旋区域,项目整体热岛强度小于1.5℃。基于当地气候条件,整体场地均适宜人员短时性逗留。

基于各气候条件特性,再结合场地三维风速图、热力地图和餐厨油烟污染物扩散分布图可得出项目场地内共计有4处区域适宜人员长期性逗留,具体分布如图3-21所示。

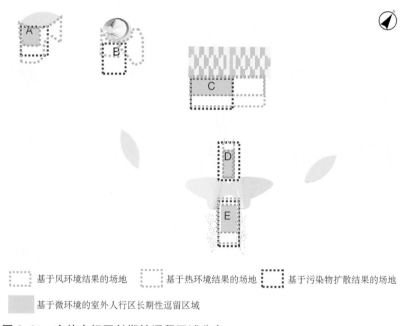

| 基于风环境结果的场地 | 基于热环境结果的场地 | 基于污染物扩散结果的场地 |

基于微环境的室外人行区长期性逗留区域

图 3-21　室外人行区长期性逗留区域分布

3.3　花博会园区废弃物资源化综合利用

3.3.1　区域固废处理现状及规划目标

1. 崇明区固废情况

2020年,崇明全区共产生一般工业固废约25万t、危险废弃物2万t(含医疗废物666.65 t)、生活垃圾20万t、建筑垃圾2万t、工程渣土430万t、城镇污水处理厂污泥1.1万t、疏浚底泥90.5万 m³、农业秸秆16万t、废弃农用薄膜216 t、畜禽粪污21.6 t、农药包装废弃物137 t,均得到了安全妥善的处置。

2. 固废处置能力现状

(1) 在崇明岛北部固废园区建成并投产两家危险废物综合经营许可单位,经营规模为每年2.4万t,基本满足辖区危险废物处置需求。医疗废物处理能力共计30 t/d,应急处置能力为25 t/d,实现了医疗废物处置托底与平战结合的双保障,并且对于小型医疗机构的医疗废物实行48 h收运。

(2) 已建成生活垃圾无害化处置设施2座(日处理能力1 000 t)、湿垃圾集中处理站 17 座,另设暂存点 1 140 个,配备运输车 1 307 辆,配发分类垃圾桶、转运桶共 54 万只。以村为单位建设两网融合服务点 338 个、以镇为单位建设两网融合中转站 18 座、区级层面建设两网融合集散场 1 座。

(3) 已建成建筑垃圾资源化利用设施 1 座,其资源化利用能力为每年 10 万 t;在建的有 3 座,合计总处理能力为每年 423 万 t。

(4) 已设立 1 个电子废物中心交投站、30 个交投箱、27 个农药包装废弃物交投站。已建立定点废弃农用薄膜回收点 16 个、集中收储点 1 个。另外,以 33 个规模化蔬菜基地为支撑并辐射四周邻近涉农村的微秸宝堆肥点已建成。

3. 生态环境保护"十四五"规划

根据上海市崇明区人民政府关于印发《崇明区生态环境保护"十四五"规划》的通知(沪崇府发〔2021〕74 号),崇明区将实现生活垃圾分类全覆盖,建成由 326 个村(居)回收服务点、18 个镇级中转站、1 个区级集散场组成的生活源再生资源回收运行体系,生活垃圾资源回收利用率达 38.2%。建成并投用固体废弃物焚烧厂和危险废弃物焚烧厂。建设 1 个农业废弃物综合处置示范点和 32 个镇村级农业废弃物处理点,实现农林废弃物资源化利用全覆盖。为推进农药包装废弃物的回收,设立 27 个交投站,累计回收废弃农药包装物 132 t。

3.3.2 花博会固废处理原则

(1) 绿色会展原则,即实现垃圾的减量化、资源化和无害化。按照生态、环保、可持续发展的要求,以发展绿色会展为核心,通过分类收集以加大固废的资源回收利用与综合处理,达到垃圾分类覆盖率 100%、无害化处理 100% 及资源化率 60%~70% 的目标。

(2) 可操作性原则。着眼于区域功能定位,根据各类环卫设施的特点和布局要求,从满足使用功能、减少环境污染、经济效益较佳的角度考虑,坚持因地制宜、合理布局,使之具有良好的可操作性。

3.3.3 花博会固体废弃物产生量预测

1. 固体废弃物产生来源

花博会固体废弃物是花博会活动的产物。其来源可大致分为两类:一类是场馆建设、会展搭建及撤展等过程中由布展厂商所产生的废弃物,称为生产废弃物;另一类是花博会会展过程中游客消费后产生的固体废弃物,称为生活废弃物。本书研究的花博园固体废弃物既包括花博会厂商布展、撤展过程中产生的生产废弃物,也包括花博会会展过程中游客产生的生活废弃物。换言之,花博会固体废弃物包括在花博会活动中或者为花博会提供服务的活动中所产生的固体废弃物,以及按照法律、行政法规的规定被视为垃圾的固体废弃物。

2. 固体废弃物产生量预测

1) 生活垃圾产生量预测

(1) 方案一:参照上海世博会预测

上海花博会与上海世博会有相似之处,二者都有相对封闭的展示类区域,因此认为二者垃圾产生情况类似。

由花博会参观者和其他人员产生的生活垃圾产量可参照上海世博会人均生活垃圾日产量平均统计数据(0.36 kg/d)进行测算。同时,本研究认为工作人员(含住宿)产生的生活垃圾略低于上海市居民人均垃圾日产量值,故按 0.40 kg/d 进行测算。

由此测算得到,花博会园区平峰期生活垃圾产量为 12.4 t/d,高峰期为 19.6 t/d,极端高峰期为 55.6 t/d,如表 3-7 所列。

表 3-7　花博会园区人类和生活垃圾产量预测(参照上海世博会)

人员分类	平峰		高峰		极端高峰	
	人数/(万人·d⁻¹)	垃圾量/(t·d⁻¹)	人数/(万人·d⁻¹)	垃圾量/(t·d⁻¹)	人数/(万人·d⁻¹)	垃圾量/(t·d⁻¹)
参观者	3	10.8	5	18	15	54
工作人员	0.4	1.6	0.4	1.6	0.4	1.6
合计	—	12.4	—	19.6	—	55.6

(2) 方案二:参照上海汽车博览会预测

据统计,上海汽车博览会参观人员的人均生活垃圾产量约为 0.1 kg/d,会展项目区域日常工作人员(包括展会日常管理人员、保洁人员、保安人员和服务人员)及参展商的人均生活垃圾产量按 0.35 kg/d 进行测算,工作人员(含住宿)人均生活垃圾产量按 0.40 kg/d 进行测算。

由此测算得到,花博会园区平峰期生活垃圾产量为 12.1 t/d,高峰期为 19.1 t/d,极端高峰期为 54.1 t/d,如表 3-8 所列。

表 3-8　花博会园区人数和生活垃圾产量预测(参照上海汽车博览会)

人员分类	平峰		高峰		极端高峰	
	人数/(万人·d⁻¹)	垃圾量/(t·d⁻¹)	人数/(万人·d⁻¹)	垃圾量/(t·d⁻¹)	人数/(万人·d⁻¹)	垃圾量/(t·d⁻¹)
参观者	3	10.5	5	17.5	15	52.5
工作人员	0.4	1.6	0.4	1.6	0.4	1.6
合计	—	12.1	—	19.1	—	54.1

比较上述两种预测方案可以发现,方案二的预测值略低于方案一。最终,花博会园区生活垃圾日产量取两种预测结果的平均值,即平峰期为 12.25 t/d,高峰期为 19.35 t/d,极端高峰期为 54.85 t/d。

2)布展与撤展废弃物产生量预测

根据工博会调研结果对花博会园区布展与撤展期间废弃物产生量进行估计,结果表明布展与撤展时会展废弃物会成倍产生。花博会会展项目区域的展馆布展、撤展结束后的废弃物产生量比较大,参照上海新国际博览中心展会废弃物产生情况进行预测,结果如表 3-9 所列。

表 3-9 布展与撤展废弃物产量预测

会展场地	展馆面积/万 m²		实际产生量/(t·d⁻¹)		清运量/(t·d⁻¹)	
	室内	室外	高峰	平均	高峰	平均
浦东新国际博览中心	15	10	72	13	36	6
花博会园区	7.86	10	51.4	9.3	25.7	4.3

表 3-9 预测的废弃物产量是指展、撤展时产生的,而非每日产生的,其产生周期与各会展持续时间长短有关。实际产生量指布展、撤展时产生的所有废弃物,主要包括:布展与撤展时拆除的板材、地毯、包装物、绳子等。

清运量指除撤展时一部分利用价值大的废弃物被分拣出来并回收利用以外的剩余废弃物,其约占实际产生量的 50%。据调研,这部分剩余废弃物中还有 60% 可被回收利用。

3)餐厨垃圾产生量预测

花博会园区的商业餐饮中心建筑净面积约为 8 000 m²,餐厨垃圾按 0.35 kg/m² 预估,则商业餐饮中心的日均餐厨垃圾产生量为 2.8 t。

4)绿化废弃物产生量预测

每公顷绿地平均每天产生的被修剪下来的树枝、落叶等园林绿化废弃物按 25 kg 测算,花博会园区的绿地面积约为 105.88 hm²,则平均每天的绿化废弃物约为 2.6 t。

3.3.4 固体废弃物处理方案

1. 展会废弃物处理现状

展馆一般生活垃圾委托环卫作业公司直接外运处置。展会垃圾从展馆由保洁员收运至垃圾分拣场,经人工分拣后,可利用物质作为废品回收利用,剩余垃圾委托环卫作业公司外运处置。浦东新国际博览中心区域内仅设有 1 处垃圾临时堆放分拣场所,主要用于展会垃圾临时存储分拣,占地约 2 000 m²,但高峰期无法满足垃圾临时存储需求,且场所内设施较为简陋,环境较差。表3-10罗列了国内几种不同场地情况的固体废弃物收运及处理方式。

表3-10　国内几种不同场地情况的固体废弃物处理方式

案例名称	收运方式	处理方式
国家会展中心	压缩收集站＋餐厨垃圾收集	城市生活垃圾处理系统
上海世博会	气力输送系统＋移动压缩收集站	城市生活垃圾处理系统
北京奥运会	收集点＋压缩中转站	城市生活垃圾处理系统
浦东机场	收集点＋源头垃圾直接运输	自建垃圾处理站

会展项目区域全面实施垃圾分类收集,并采用细分类方案:①在餐厨垃圾、建筑垃圾、展会垃圾、大件垃圾、电子垃圾专项分类的基础上,在会展项目区域设置分类储存场,对所分出的展会垃圾做进一步细分,例如分为纸板、木材、泡沫塑料、砖瓦及其他几类,同时分类储存场也可以作为大件垃圾、装修垃圾、餐厨垃圾的暂存处;②区域内的日常生活垃圾在三分类(分为其他垃圾、可回收物、有害垃圾)的基础上设置若干可回收物细分类点,将可回收物进一步细分为纸张(主要为宣传广告单、一次性纸杯)、饮料瓶、塑料泡沫(轻质包装物),分出的各类可回收物在分类储存场暂存并被统一打包外运进入市场利用体系。

2. 花博会废弃物处理方案

花博会废弃物的成分相对简单,其中渣土及其他成分含量较少,可以被资源化利用的程度较高。调研结果显示,这部分剩余废弃物中有60%可被回收利用。

为满足花博会撤展时废弃物的存储及分类要求,需设置1处垃圾处理点,宜结合会展物流、停车场等布置,占地1 000 m²。该垃圾分类存储场应具备以下功能。

(1)垃圾存放及分类功能:主要用于花博会废弃物及日常生活垃圾中分出的可回收物的分类临时存储、分拣、打包等,需配备装载机、打包机等设备;同时,该垃圾分类存储场还可用于餐厨垃圾、装修垃圾、大件垃圾等的临时存放。

(2)停放功能:可供小型垃圾清运、小型道路广场清扫的保洁机械设备的停放。

(3)展示宣传功能:建立一个展示厅向参观者进行废弃物分类循环利用方面的宣传教育,具体内容包括废弃物分拣、垃圾分类后各类可回收物的资源利用方式等;另外,通过设置餐厨垃圾、绿化废弃物生化处理机装置,向公众展示餐厨垃圾、绿化废弃物经生化处理后变废为宝的过程。

3. 餐厨垃圾处理流程及方案

1) 处理流程

餐厨垃圾的主要特点是有机物含量丰富、水分含量高、易腐烂,其性状和气味都会对环境卫生造成恶劣影响,且容易滋长病原微生物、霉菌毒素等有害物质。以上这些便决定了其处理方式与普通垃圾是不同的。

2) 处理方案

(1) 传统餐厨垃圾处理系统

传统餐厨垃圾处理系统具有以下优点:①初期投资低;②更具灵活机动性;③可以进行简单的筛选和移除。但也存在以下缺点:①可能造成二次污染;②垃圾清运过程不封闭,卫生条件差;③劳动强度大;④垃圾收集清运效率低。

(2) 餐厨垃圾管道收集系统

餐厨垃圾管道收集系统的优点是:①垃圾流密封、隐蔽,与人流完全隔离,有效杜绝了收集过程中的二次污染,包括臭味、蚊蝇、噪声和视觉污染;②显著降低了垃圾收集的劳动强度,提高了收集效率,优化了环卫工人的劳动环境;③取消了手推车、垃圾桶、箩筐等传统垃圾收集工具,基本避免了垃圾运输车辆穿行于居住区的情况出现,减轻了交通压力,减少环境污染。这种垃圾收集模式的缺点是:由于需要设置专门的管道与设备,故投资多、维修保养困难、使用成本高。

鉴于餐厨垃圾管道收集系统及餐厨垃圾处理设备所需初投资较大,综合经济性与示范性,最终考虑采用传统餐厨垃圾处理系统方案。

4. 小结

基于对国家会展中心、浦东新国际博览中心及上海世博会固体废弃物处理现状的调研结果,我们对花博会园区固体废弃物处理流向进行了分析。

首先,对花博会园区综合体固体废弃物产生量进行了预测,如前所述,展览日平峰期约 12.25 t/d,高峰期约 19.35 t/d,极端高峰期约 54.85 t/d;布展撤展日高峰期为 51.4 t/d;餐厨垃圾为 2.8 t/d;绿化废弃物为 2.6 t/d。

为满足撤展时花博会废弃物的存储及分类要求,需设置 1 处垃圾处理点,宜结合会展物流、停车场等布置,占地 1 000 m²。同时,设置餐厨垃圾、绿化废弃物生化处理装置 1 套。

3.4 花博会园区水资源精细化利用管理

3.4.1 节水控制

1. 基本原则

1）经济适用

花博会园区节水控制应遵循卫生安全、健康适用、高效完善、因地制宜、经济合理的理念，避免过度追求形式上的技术创新与奢华配置。

花博会园区节水系统在满足使用要求与卫生安全的条件下，应做到节水、节能，系统运行过程中产生的噪声、振动、废水、废气和固体废弃物应符合现行国家标准的规定，且不得对人体健康和建筑环境造成危害。

生活给水系统应充分利用城镇给水管网的水压直接供水。生活热水系统应采取可以保证用水点处冷、热水压力稳定平衡的措施。

建筑的给水排水器材、设备应采用高用水安全性、高水效等级和高能效等级的涉水产品，应选用符合现行国家标准《生活饮用水输配水设备及防护材料的安全性评价标准》（GB/T 17219—1998）、《节水型产品通用技术条件》（GB/T 18870—2011）、《节水型卫生洁具》（GB/T 31436—2015）和《节水型生活用水器具》（CJ/T 164—2014）以及其他有关水效、能效强制性国家标准要求的产品。

2）卫生安全

生活给水系统、生活热水系统、饮水供应、水景、非传统水系统等的水质应符合现行国家标准的有关规定，并采取相应的供（用）水安全保障措施。其中，消毒剂和消毒方式的选择应根据用水性质和使用要求来确定，可采用单独一种消毒方式或几种消毒方式组合的形式，且消毒剂和消毒方式应对人体健康无害，不应造成水和环境污染。

3）分项计量

永久展馆的生活给水系统、生活热水系统、水景、非传统水系统等应根据现行的上海市工程建设规范《公共建筑用能监测系统工程技术标准》（DGJ 08—2068—2017）的规定按不同用途分类、分项来分别设置用水计量装置以统计用水量。

2. 系统设置

1）定额控制

按照国家和地方控制水资源消耗总量及控制水资源消耗强度的要求，建筑用水标准不应超过现行国家标准《民用建筑节水设计标准》（GB 50555—2010）中节水用水定额的上限值与下限值的算术平均值。建筑生活用水标准应按表 3-11 确定。

表 3-11　建筑生活用水标准

序号	建筑物类型及卫生器具设置标准		本市用水定额先进值	国家节水用水定额上、下限值的算术平均值
1	工作人员宿舍	居室内设卫生间	—	≤145 L/(人·d)
		设公用盥洗卫生间	—	≤105 L/(人·d)
2	快餐店、工作人员食堂		≤36 L/(m²·d)	≤17.5 L/(人·次)
3	食品、饮料、烟草零售		≤1.2 L/(m²·d)	
4	展览馆	展厅	≤3.6 L/(m²·d)	≤4 L/(m² 展厅面积·d)
		员工		≤33.5 L/(人·班)
		观众		≤4.5 L/(人·次)
5	环境卫生管理	浇洒场地、道路	≤1 L/(m²·d)	—
		公厕清洁	≤1.65 m³/(个·d)	
		垃圾房清洗	≤1 L/(m²·d)	
6	绿化		≤0.45 L/(m²·d)	—

2）压力控制

生活给水系统、生活热水系统用水点处供水压力不应小于用水器具要求的最低工作压力，且不应大于 0.2 MPa。在进行绿色建筑设计时，应对供水系统进行优化设计，充分考虑建筑物用途、层数、使用要求、材料设备性能和运行维护管理，合理、安全、节能地进行竖向分区，采用简便易用、经济有效的减压限流措施，以避免超压出流造成水量浪费。

3）漏损控制

给水管网漏损水量主要包括阀门故障漏水量、卫生器具漏水量、水池（箱）漏水量、水表计量损失、设备漏水量等。《城镇供水管网漏损控制及评定标准》(CJJ 92—2016)第 4.1.2 条规定：漏损控制应以漏损水量分析、漏点出现频次及原因分析为基础，明确漏损控制重点，制定漏损控制方案。

《建筑给水排水设计标准》(GB 50015—2019)第 3.2.9 条规定：给水管网漏失水量和未预见水量应计算确定，当没有相关资料时，漏失水量和未预见水量之和可按最高日用水量的 8%～12% 计。《绿色建筑评价标准》(GB/T 50378—2019)第 6.2.8 条要求管道漏损率低于 5%。《城镇供水管网漏损控制及评定标准》(CJJ 92—2016)第 5.3.1 条规定：城镇供水管网基本漏损率分为两级，一级为 10%，二级为 12%。

花博会会展期间可按表 3-12 分析主要漏点、漏损原因并采取漏损控制措施，且管道漏损率不得大于 5%。

表 3-12　给水管网漏损控制

主要漏点	漏损原因	漏损控制措施
阀门故障漏水量	密封性能	非金属弹性密封副阀门泄漏等级应达到 A 级,金属密封副阀门泄漏等级不应小于 D 级
卫生器具漏水量	密封性能	卫生器具的密封性能试验时间应比现行国家标准规定的试验时间增加 50%,且无渗漏
水池(箱)漏水量	渗漏和溢流	水池(箱)水位应设置监视和溢流报警装置,且水池(箱)水位进水管上应具备机械和电气双重控制功能,当达到溢流液位时,自动联动关闭进水阀门并报警
水表计量损失	计量误差	应根据计量需求和用水特性,选配与调整计量表具的类型和口径
设备漏水量	密封性能	设备的密封泄漏量应比现行国家标准的规定值低 10%
管网漏水量	管道破损	管材和管件的密封性能试验时间应比卫生器具现行国家标准规定的试验时间增加 50%,且无渗漏

管网漏损率可按式(3-12)计算:

$$R_L = \frac{Q_s - Q_a}{Q_s} \times 100\% \tag{3-12}$$

式中　R_L——漏损率;

Q_s——供水总量,m^3;

Q_a——用水总量,m^3。

4）高效浇灌

高效浇灌是根据植物需水规律及项目所在地的供水条件,有效利用天然降水和浇灌水,合理确定浇灌制度,适时、适量浇灌,减少浇灌水的无效损耗,提高浇灌水利用率的一种植物浇灌方式。节水浇灌不只是节约浇灌用水量,更要充分利用天然降水。节水浇灌不是浇地,而是浇植物。节水浇灌的核心是使天然降水和浇灌水转化为土壤水,再由土壤水转化为生物水,并尽可能地减少水的无效损耗。

3. 器材与设备

1）生活用水器具及配件

第十届花博会永久展馆中生活用水器具的水效等级应符合现行国家标准《坐便器水效限定值及水效等级》(GB 25502—2017)、《蹲便器水效限定值及水效等级》(GB 30717—2019)、《小便器水效限定值及水效等级》(GB 28377—2019)、《水嘴水效限定值及水效等级》(GB 25501—2019)、《淋浴器水效限定值及水效等级》(GB 28378—2019)、《节水型卫生洁具》(GB/T 31436—2015)和《节水型生活用水器具》(CJ/T 164—2014)等的规定,水效等级应不小于 2 级。

2) 水泵

应分析水泵 Q-H 特性曲线,并选择 Q-H 特性曲线为随流量增大其扬程逐渐下降的水泵。根据现行国家标准《清水离心泵能效限定值及节能评价值》(GB 19762—2007)的规定,单级单吸清水离心泵、单级双吸清水离心泵和多级清水离心泵的泵效率分为泵节能评价值、泵目标能效限定值和泵能效限定值,按表 3-13 确定。

表 3-13 水泵效率规定

分类	定义	备注
泵节能评价值	在 GB 19762—2007 标准规定的测试条件下,满足节能认证要求应达到的泵规定点的最低效率	
泵目标能效限定值	在 GB 19762—2007 标准实施一定年限后,允许泵规定点的最低效率	强制性
泵能效限定值	在 GB 19762—2007 标准规定的测试条件下,允许泵规定点的最低效率	强制性

应根据管网水力计算,分析管网特性曲线所要求的水泵工作点,且水泵工作点应位于水泵效率曲线的高效区内。

3.4.2 雨水控制与利用系统

1. 雨水控制与利用系统的形式

雨水控制与利用系统的形式应根据当地的水资源情况和经济发展水平,以及工程项目的具体特点,经技术经济比较后确定。常用的形式主要有集蓄利用系统、入渗利用系统和综合管理系统三种。

(1) 集蓄利用系统:雨水经收集、截污、弃流、储存、调节和净化后水质得以提升,在替代自来水而被回用的同时,也起到调蓄排放、削减城市洪峰流量的作用。

(2) 入渗利用系统:雨水经各种人工或自然渗透设施入渗地下,以增加土壤含水量,即通过补充地下水资源这种形式而被间接利用。

(3) 综合管理系统:将利用雨水与控制雨水径流量和径流污染、改善城市生态环境相结合,是目前欧美、日本、澳大利亚等国家积极倡导并采用的最新理念,代表了雨水控制与利用的最新发展方向。

2. 各系统选用原则及安全措施

1) 集蓄利用系统

降落在景观水体上的雨水应就地储存;屋面雨水宜优先考虑用于景观水体补水。对于具有大型屋面的公共建筑或设有人工水景的项目而言,屋面雨水宜采用集蓄利用系统。

2）入渗利用系统

入渗利用系统宜用于土壤渗透系数为 $10^{-6}\sim10^{-3}$ m/s 且渗透面距地下水位大于 1.0 m 的地区。地面雨水宜采用雨水入渗。当室外土壤在承担了室外各种地面的雨水入渗后，其入渗能力仍有足够余量时，屋面雨水可进行土壤入渗。上海地区的绿地通常就近就地自然渗透，非主要车行道路及人行道路可采用渗透性地面以减少硬化地面的面积，绿地一般不宜接纳客地的雨水径流。需要注意的是，入渗利用系统不适用于易发生陡坡坍塌、滑坡灾害的危险场所，也不适用于会对居住环境以及自然环境造成危害的场所。

3）综合管理系统

对于类似上海这样的非水源型缺水城市而言，雨水控制与利用系统的形式主要是通过对雨水的就地综合管理：减小因城市化造成的洪涝灾害和水源污染，间接提高城市的防洪能力，改善城市的生态环境、水文环境和气候条件；采取适度、经济、简便、有效、可持续的净化技术，有针对性地合理利用雨水；最大限度地增加雨水径流的自然渗透量，尽可能地通过绿地及采用渗水材料铺装的路面、广场、停车场等进行雨水的自然蓄渗。

屋面雨水可采用集蓄利用、入渗利用或二者相结合的方式，具体应根据当地的水资源状况、地下水位、土质和入渗能力、对地基和基础的影响、降雨量和杂用水量平衡结果、雨水水质状况、当地水价、基建投资等因素综合确定。

当集蓄利用系统的回用水量或蓄水容量小于屋面的收集雨量时，对屋面雨水的利用可选用集蓄利用与入渗利用相结合的方式。

花博会园区雨水控制与利用系统的规模应满足建设用地外排雨水设计流量不大于开发建设前的水平或规定的值，设计重现期不得小于1年，宜按 2 年来定。

雨水可用于景观用水、绿化用水、循环冷却水系统补水、汽车冲洗用水、路面及地面冲洗用水、冲厕用水、消防用水等。雨水利用用途应根据收集量、利用量、随时间的变化规律以及卫生要求等因素综合考虑确定。

4）安全措施

雨水控制与利用系统应采取确保人身安全、使用及维修安全的措施。由于严禁回用雨水进入生活饮用水给水系统，故回用雨水供水管道应与生活饮用水管道分开设置。回用雨水供水管道上不得装设取水龙头，并应采用防止误接、误用、误饮的措施。

当采用生活饮用水补水时，应采取防止生活饮用水被污染的措施。

雨水控制与利用系统的回用雨水供水管道和补水管道上应设水表

计量。

设有雨水控制与利用系统的建设用地,应有雨水外排设施。

3. 雨水量和雨水水质

1) 上海市降雨特征

根据对国家气象信息中心"中国地面气候资料日值数据集"上海市1991—2005年日降雨量资料的统计整理,上海市年平均降雨量为1158.8 mm,年平均降雨天数为156.7 d。降雨量随季节分布较不均匀,月平均降雨量由大到小的月份依次为8月、6月、7月、3月、5月、9月、1月、4月、10月、2月、11月、12月。其中,崇明区年平均降雨量略高于全市水平。

根据同济大学对上海市1985—2004年降雨资料的统计整理可知,每场雨的平均降雨量为10.72 mm,平均降雨历时为6.87 h,平均降雨间隔为71.36 h,平均降雨强度为1.7 mm/h。

2) 上海市雨水水质特征

雨水径流水质由于受城市地理环境、水面性质及所用建筑材料、水面的管理水平、降雨量、降雨强度、降雨时间间隔、气温、日照、大气污染等诸多因素的综合影响,故其变化范围较大。

空气质量较好、降雨量较多的城市或地区,其雨水水质较好。城市周边地区的雨水水质一般要优于城市中心区的。降水的pH值,一般冬季低,夏季高。径流水质,路面要差于屋面,城区主要道路要差于小区道路。雨水径流水质随降雨过程的持续逐渐改善并趋向稳定。

3.4.3 花博会园区水资源精细化利用策略

花博会园区水资源精细化利用应考虑技术效益、经济效益和社会效益的统筹,可适度超前,但须加强精细化分析。在设计前期,应做增量成本和增量利润的强精细化分析,探讨绿色节水技术的经济适用性和技术可行性,控制初期投资和运行费用,达到增量成本和增量利润的平衡,摒弃盲目堆砌技术,使"节水"效益最优化,具体策略如下。

1. 因地制宜,提倡简约

花博会园区建筑首先应是低成本建筑、节约型建筑和平民型建筑,应避免相互攀比和过度"高新",大力倡导"建筑绿色",限制"机械绿色",鼓励运用简洁、方便且推广性强的绿色节水技术,循序渐进,稳步推进,做到"简约"但不"普通"。

同时,性价比是决定系统和技术是否有生命力的一个主要因素。应在方案设计阶段全面分析所用系统和技术的可实施性和可操作性,并根据多专业协同优化的运行策略来调整方案设计,以防花大价钱买"摆设"

甚至"鸡肋"的情况出现。

2. 点面结合，科学管理

单体建筑建设应兼顾花博会园区的可持续发展，单体建筑绿色节水技术设计应与花博会园区的微环境协调统一。注重园内景观水体被动式"气候效应"，合理布局喷泉、水幕、水池等景观水体，人为调节局地小气候。

为缓解城市化带来的"热岛效应"和"雨岛效应"，花博会园区建设后的暴雨洪峰流量必须小于开发前的水平，实行就地滞洪调蓄；倡导采用生态途径控制雨水径流污染，以减少对城市的冲击和影响。

3. 效益评估，系统集成

应从盲目追求单项技术的完美、极致向多系统的集成、复合功能过渡，同时，应更注重建筑整体的均衡发展，强调设计集成和综合效益。由于某些所谓"示范"建筑的误导作用以及部分厂家的推波助澜，许多建筑为寻找亮点、争创"第一"，便有意无意地把某些系统做得过于庞大、过于繁杂、过于突出，这种行为严重违背了可持续城市建筑"less is more"的宗旨。

另外，有些节水技术不一定是高效、节能的，有些节能技术不一定是环保、节材的，有些节材技术不一定是低价、节地的，有些节地技术也不一定是低碳、高效的。因此，在进行花博会园区水资源精细化利用设计时，一方面应考虑到其他专业的特点，实现融会贯通；另一方面应平衡水专业本身的各种技术优势，实现和谐互助。

第 4 章

花博会园区花卉整体运行维护方案

4.1 整体用花及保花方案研究

4.1.1 项目背景

第十届花博会的举办时间在5—7月。而这一时间段内,气候变化频繁,植物容易受到高温、梅雨、台风等恶劣天气的影响。

此外,崇明岛地处长江入海口,它是由滩涂的自然淤涨和人工围垦形成的。受海水影响,崇明岛土质盐碱化程度高、易板结、土壤肥力较低。因此,第十届花博会在花卉选择方面,应根据崇明地区气候及土壤背景,选择耐旱、耐涝、耐盐碱、耐贫瘠、抗病虫害、观赏效果好的花卉品种。

4.1.2 花卉选择

此次花博会对于园区花卉的选择很大程度上参考了前期花卉品种试种及筛选的结果。花博会花卉品种试种及筛选工作是花博会筹备期间难度最大的项目之一,历时2年多,以花期、观赏性和适应性作为主要指标来筛选、建立花博会用花名录,并通过新优花卉的组合配置及园区内花卉高效运营养护技术的应用,成功打造花博会世纪馆蝶恋花、牡丹花海等核心观赏景点。

1. 花期指标

花期是否符合是花卉筛选的重要标准之一。以往国内花展的举办时间通常选择春季、五一或者国庆,主要是因为这些时间段内花卉品种较为丰富。然而,5—7月这个时间段,春季花卉的花期已接近尾声,夏季花卉尚未开放。为了保证第十届花博会期间"花开满园"的景观效果,前期对所提供的花卉品种进行花期观测及花期调控试验就显得十分必要。

2. 观赏性指标

此次花博会室外所使用的花卉主要包括一二年生花卉、花灌木、宿根花卉等,并且根据不同的花卉类别设置了不同的观赏指标。例如,一二年生花卉通常以群体方式种植,因此需要观察其片植效果。

3. 抗逆指标

为了测试供试花卉的适应性,需对其进行露天栽培试验,以观察不同气候条件下的景观效果。分别以全露天、遮阴、防雨、人工降雨喷雾四种模式来模拟不同气候,观测供试花卉品种的实际表现,并形成不同气候条件下的花卉养护技术方案。

4.1.3　整体方案

第十届花博会使用的花卉主要包括一二年生花卉、花灌木、宿根花卉、观赏草、草坪等。其中,花灌木、宿根花卉的观赏期较长,需要根据观赏时间和植物特性提前种植,以保证花博会期间可以呈现出最佳的观赏效果。一二年生花卉观赏期较短,在整个花博会举办期间需要经历1次布展、2次换花。针对不同的花卉类型,建立了花博会整体用花及保花方案,主要分为3个重要阶段。

（1）首次布展,2020年12月15日至2021年5月19日,涉及一二年生花卉、花灌木、宿根花卉、观赏草、草坪等。

（2）第一阶段换花,2021年6月10日至2021年6月17日,涉及矮牵牛、天竺葵、醉蝶花等一二年生花卉。

（3）第二阶段换花,2021年6月23日至2021年6月26日,以一串红、彩叶草、向日葵等一二年生花卉为主。

整体运营养护时间:2021年5月21日至2021年7月2日。总用花量共计3 000余万株。

4.2　高效布展技术研究

4.2.1　区域划分

1. 布展运营面积

根据第十届花博会园区总体规划设计,园区花卉的总体用花及保花运营部署主要包括花卉三大展区,覆盖主轴区、背景林区、大花核心区、国内展区、花协分支展区、国际及企业展区、玉兰园和西南拓展区8个区域。建设运营面积为137万 m^2。

2. 施工图纸的设计和使用

由于第十届花博会涉及的项目面积广、花卉品种多、应用数量大,为实现统一部署和有效管理,通过设计精细化的施工计划图,将整个园区进行分区,以不同颜色的旗帜来标记不同区域、不同植物类型和不同施工阶段。其中,黄色代表地形整理、红色代表花灌木及宿根花卉种植、蓝色代表籽播花卉种植、紫色代表花坛花卉种植等。

各区域工程由外围向核心推进,各点位完成后插一面代表性旗帜,待所有旗帜完全插满,代表此项工作完成,可进行下一阶段的任务。花博会园区施工计划图的精心设计和使用,将花博会花卉种植进度直观地展现出来,实现花卉种植方案的合理规划,确保项目按进度推进,为完美呈现"盛世花开"效果提供了重要保障。

4.2.2 布展施工技术研究

1. 施工工艺

园区花卉布展施工主要步骤包括：场地测量、场地清理、回填土方、改良土壤、建造地形、施工测量放样、苗木、花卉种植及草坪铺设、养护。其中，施工测量放样采用预埋隔槽板法，直接用隔槽板将图案勾画出来，并通过调节隔槽板的高度来实现微调。

2. 花卉定植密度

定植密度对花卉群体效果和后期养护管理的影响较大。花卉前期种植密度过高易导致后期枝叶徒长，局部腐烂，花期缩短。以盆径规格为 120 mm 的四季海棠为例，种植密度为 49 株/m^2，既保证景观效果的饱满度，又减少过度密植造成的景观质量下降和过度投资。

3. 土壤改良

由于上海市崇明岛原生土壤偏碱，且花博会园区土壤存在肥料不足、建筑物垃圾混杂等问题，因此为保障花卉的正常生长，需对花博会园区的土壤进行改良。

花博会园区应用的花卉土壤改良技术主要包括两个方面：一方面是清理及平整，打造符合花卉种植的基础条件；另一方面是基质改良，通过在种植区域土壤表层铺设不同厚度及配方的基质（图 4-1），以满足花卉生长的种植条件，优化景观生长状态。

图 4-1　改良基质配制

在基质改良过程中，根据不同区域和不同花卉的应用目的，选择不同的基质类型，改良方法主要分为两种：地面种植和屋顶种植。其中，地面种植的基质配制改良为原土 30%、草炭 30%、椰糠 20%、黄沙 15% 和有机肥 5% 混合，改良深度为 50 cm。在勤俭办博的原则指导下，满足花卉的生长需求。屋顶种植方式的配生土配方为全草炭。对花博会园区内世纪馆蝶恋花种植区域进行基质改良的主要目的是改良土质,并减轻建筑屋顶的总承重。

4. 花境景观提升

由于此次花博会使用的植物材料种类繁多,栽植位置相对复杂,因此花境布置比一般的园林工程造景更难。设计方案涵盖了花与科技、花与生活、花与艺术、花与文化和建党百年等主题,通过优选花卉品种、土壤改良(添加草炭和有机肥来疏松土壤、增加肥力)、地形调整(提高花境空间的层次效果)、模块种植技术(安排主次花卉的种植顺序及密度,保证不同季节的群落表现力)、合理设计小品装置(提高景观的综合表现力、感染力)等措施,建成截至目前历届花博会中总面积最大(5.6 万 m^2)、数量最多(311 个)的公共展园花境。

4.3 保花运维技术研究

4.3.1 保花运营规范化

1. 组织规范化

为保证园区花卉的优质、高效及花卉展览的安全运营,组建了园区保花运营团队,形成规范化运营管理模式。保花运营团队包括生产技术组、车辆运输组、现场调配组、花卉种植组、专业管养组、植保组和后勤保障组等。

从花卉品种试验、花卉储备生产、花卉景观设计、园区各类花卉种植到智慧管养,其间经历两次换花,投入上千人员参与。保花运营团队的具体设置如下:执行团队核心管理人员 3 人、科研团队核心人员 5 人、生产储备团队核心技术人员 21 人、商务及后勤保障核心团队 8 人、施工项目经理 5 人、班组长 16 人、小队长 60 人、应急团队 100 余人,另外各类种植、养护施工人员 950 余人,高峰期花博会园区每天施工作业人员高达 800 余人。

2. 管理规范化

为保证花博会期间花卉的景观效果,制订并严格执行以下养护计划。

(1) 分区域设专人负责,实施精准养护管理。整个园区分为 8 个养护管理区域:主轴区、背景林区、大花核心区、国内展区、花协分支展区、国际及企业展区、玉兰园和西南拓展区,须保障每个区域都有专人负责管理。

(2) 白天巡园与夜间养护有机结合。制订园区每日养护工作计划并严格执行。白天由各养护区域队长带队完成所有种植区域的巡查工作,制订当日夜间管养计划并落实分工;夜间各团队完成相应的养护管理工作。

（3）集成管养技术。利用叶面施肥、残花处理、局部换花与集中换花、病虫害预防、杂草防治、智慧灌溉与排涝等多种技术手段，实现园区良好的景观运营效果。

（4）极端气候应对。为提高应对极端气候的能力，制订应急方案，事先排摸，确定易涝、易旱等区域。成立现场应急小组，该小组由现场花卉总负责人牵头，换花、浇水、排涝、植保、运输等 100 余名成员组成，并且总负责人对应急小组开展技术和安全培训；设置气象专员，负责每日气候监测，做好极端气候预警工作；做好抽水泵、雨衣等应急物资的储备工作；当出现极端气候或发生其他意外时，在保障人员安全的前提下，迅速开展排涝、花卉支撑修复等工作，以降低损失，并加速园区景观效果的恢复。

4.3.2 花卉品质管理规范化

1. 种源控制

第十届花博会使用的所有花卉种苗均为统一供应。对此，我们制订了花卉生产计划，并安排技术员专职对接各种苗储备基地，确保种源的高质量生产。

2. 生产标准化

对所有花卉统一制订生产计划执行表，统一供应花卉种苗，规范栽培基质配方、盆器规格及要求，制订花卉生产栽培流程，明确花期调控技术要点和出圃质量标准，保证质量统一、花期精准。图 4-2 所示为第十届花博会专用花卉的智能化温室实景。

图 4-2　花博会专用花卉的智能化温室实景

3. 建立花卉质量监督机制和储备应急机制

由专人负责,严格把控品质,确保各基地、各批次、各生长节点的花卉按计划生产,保质保量。制订应急储备方案,即增加20%的用花储备量,确保同一个品种的花卉在同一个供应期内有两个不同的生产基地实施生产,以便及时替换质量不达标的批次,保证有足够的储备花卉来满足花博会的使用。

4. 合理制订花博会园区花卉种植计划

根据花卉品种类型、气候变化,合理制订园区花卉种植计划,以保证花期一致,景观效果达到最佳。由于一二年生花卉的生育周期仅75～90天,种植时间上的差异将严重影响后期景观效果。因此,首先种植花灌木、宿根、观赏草等,再种植一二年生花卉,并努力缩短一二年生花卉的种植时间,以提高开花整齐度,保障景观效果。

5. 花卉质量管理

园区布展的所有花卉必须满足长势健壮、株型饱满、无病虫害等条件,并具备苗木所在地农林主管部门出具的植物检疫证明,一车一证。花卉苗木由储备基地抵达园区后由指定的施工监理负责现场验货,主要核对品种、规格、数量、状态、包装、植物检疫证书等信息,质检合格的产品才交由施工方种植,并做好书面签字验收。现场施工方片区负责人在苗木种植前根据施工图纸再次检查苗木品种、规格、数量和植株状态,以确保花卉质量。种植完成后,由现场施工方片区负责人提请施工方项目经理验收;项目经理验收合格后书面提交至现场施工监理及设计方进行现场验收,直至工程合格;片区施工负责人定期查看所种植花卉的生长状态,发现问题,及时处理,并做好台账记录。

4.3.3 花卉栽植技术

1. 品种选择与推荐

1)品种选择

(1)原则

结合土壤、气候等花博会园区的环境条件和地形、应用形式等景观布置条件,合理选择品种。

(2)方法

2019年1月在崇明港沿花卉示范基地,我们根据崇明岛的气候、土壤条件,结合5—7月花期,制订花卉品种筛选指标,开展试种观测,如图4-3所示。2020年5—7月,我们又对花博会大花核心区、世纪馆屋顶、内环中分带等重点区域进行了景观小样模拟运营(图4-4),以完成整体测试工作。

图 4-3　花博会适生品种试验筛选

图 4-4　2020 年核心区景观小样模拟运营

2）品种推荐

根据供试花卉的观赏性和适生性表现，优选出适合第十届花博会使用的花卉品种共计 1 126 个，其中一二年生花卉、花灌木、宿根花卉、观赏草等推荐品种可扫封底二维码获取。

3）园区应用形式

（1）花坛：不同花卉混搭种植于具有一定几何轮廓的植床内，以体现其色彩美或者图案美的花卉应用形式。

（2）花境：模拟自然造景，利用环境、植物、小品等进行花卉布置的花卉应用形式。

（3）花甸：模拟自然景观，利用一二年生花卉及多年生花卉混合种植的花卉应用形式，又称野花草甸。

（4）花箱：将花卉种植在固定容器内，在阳台、庭院、公共场所、公园等进行展示的花卉应用形式，可以细分为可移动花箱和不可移动花箱。

2. 一二年生花卉栽植技术

一二年生花卉是指在一个或两个生长季内完成全部生长周期的花卉，以及园艺中作为一年生或二年生栽培使用的多年生花卉。其品种丰富、色彩艳丽、生长迅速、栽培难度低，是园林景观中应用的重要花卉类型。

通过容器苗移栽或籽播将一二年生花卉进行丛植、片植，或与花灌木、观赏草等各种植物搭配种植，以花坛、花境等形式充分展现植物的群体美，发挥综合功能。一二年生花卉花博会园区应用如图 4-5、图 4-6 所示。

图 4-5 一二年生花卉容器苗花博会园区应用

图 4-6 一二年生花卉籽播花博会园区应用

1）一二年生花卉容器苗

一二年生花卉容器苗于 2021 年 4 月底开始栽植。

（1）栽植方式

将容器苗脱去盆器,种入穴内,埋严压实,以不露土球、植株不倒伏为宜,种植后及时浇透水。

（2）栽植顺序

采用由内向外、由上而下的栽植顺序,图案花坛先栽植图案的轮廓线再栽植内部填充部分。

（3）栽植密度

需规范种植密度,一般以种植后不露土为标准。不同花卉交界处需紧密、规则、美观。

（4）补栽修剪

栽植一周内,用同一品种和同一规格的花卉及时更换死苗,并修剪残花、枯叶,促进新芽、新蕾的萌发。

（5）浇水

栽植后需立即浇透水,并在 3 天内视情况补足水分。养护期间进行专业喷灌,每平方米地面被灌溉到的流量为 34 L/h,射程为 5～6 m,单个水泵的流量参数为 0.2 m³/h。

2）一二年生花卉籽播

籽播花卉于 2020 年 9 月进行秋播,根据长势在 2021 年 3 月份进行补播。

（1）场地清理

将平整好的土地进行 30～50 cm 深度的翻耕,去除杂物,土壤疏松平整为宜,并营造地形。

（2）测算播种量

根据籽播花卉品种生长特性及设计图纸要求,计算每个品种每平方米的播种量。

（3）分种

为了将种子均匀地播种到目标地块,需提前进行与面积对等的分割,得到适量的小份额。

（4）施底肥

施有机肥或复合无机肥。

（5）种子混合

对于组合产品,播种前需将种子充分混合均匀,避免因混合不均而导致品种生长分布不均。

（6）沙土混合

小颗粒种子用准备好的细沙充分混合后再进行撒播,细沙与种子混合的比例为3∶1。湿润度以手紧握细沙,拳松开后细沙自然松开为最好。

（7）播种

均匀播种,需固定同一位播种人员以得到相对均匀的播种密度。边播撒边混合剩余的待播种子。这种做法可以避免种子沉淀带来的不均匀分布。

（8）覆土

可以用扫把轻拍土表,并覆盖薄土,厚度以不见种子为宜,须注意不可过厚。

（9）浇水

播种后及时浇水,使用花洒喷淋,但要避免水压太大将种子冲散,须做到水点细密、均匀、无强压,浇水至30 cm土层湿润。

3. 花灌木栽植技术

花灌木泛指以观花为主要价值的灌木,其品种丰富、造型多样、适应性强,是园林绿化、庭院景观的重要组成部分。通过容器苗移栽,将花灌木与一二年生花卉、草坪等混合搭配,打造极为自然的园林美景。花灌木在花博会园区的应用如图4-7所示。

1）栽植技术点

种植花灌木时,须确保种植苗木质量一致,按高度、大小均匀搭配,栽植整齐,保持种植深浅一致。

定植前先拉设临时标线,确保工作安全。根据花灌木的株型、大小来挖掘种植坑,种植坑的大小约为植株所带土球直径的2～3倍。

图 4-7　花灌木在花博会园区的应用

同时,种植坑基部添加至少 10 cm 深度的种植土以促进植物根系成活。

先将花灌木放置在种植坑内,随后检查种植坑的深度、大小是否合适,并进行适当修理。待选好花灌木的主观赏面后,脱去盆器或去除包装物。

取出植株后,先梳理土球周围环绕的长根,轻放入种植坑;填土压实,土球上表面要比栽植地面低 5～6 cm,沿沟外垒畦埂,其高为 15～20 cm。

2)水分管理

花灌木栽植后,浇足第一遍定根水,浇水时要从四周均匀注入。第二天再次充分补水,以确保花灌木成活。

浇水时应控制水量,防止冲垮水堰,每次浇水渗入后,扶直苗木,对苗木支撑进行修整,并对塌陷处用土壤填实。

4. 宿根花卉栽植技术

宿根花卉是指植株地上部分枯萎,地下部分宿存于土壤中越冬,翌年春季再次萌发开花的多年生花卉。宿根花卉一次种植可多年观赏,适生性强,养护简单,是园林造景的主要组成部分之一。宿根花卉在花博会园区的应用如图 4-8 所示。

2021 年 3 月进行了宿根花卉容器苗栽植。应用宿根花卉可打造出自然、粗放的园区美景。

图 4-8　宿根花卉在花博会园区的应用

1）栽植技术点

（1）整地

清除杂草，整平土地，以种植区域无杂石、无垃圾、细平整为佳。

（2）改良土壤

有机质或草炭混合原土深翻晾干，使土壤疏松、透气。宿根花卉怕涝，栽植地的排水性必须良好。

（3）栽植

根据株型挖穴，丛植或片植，脱去容器后种入穴中，以细土刚好覆盖生长点为宜。植株间预留足够的生长空间，以防止后期生长挤压导致花卉品质下降。

2）水分管理

直接浇灌宿根花卉的根部，避开叶片、花朵，防止倒伏。第十届花博会运营期间（5—7 月）需要严格控制水量，避免水分过少导致植物脱水或水分过量导致根系腐烂。

5. 观赏草栽植技术

观赏草是以茎秆和叶丛为主要观赏部位的草本植物，以禾本科为主。观赏草株型柔弱美丽，对环境有很强的适应性，在景观应用中，既可孤植，又可丛植。观赏草于 2021 年 3 月份开始进行栽植，其生态型和观赏性都较好。

1）栽植技术点

（1）改良土壤

清除土壤中的石块、杂草等垃圾，深翻至土壤细且平整，以保证土壤疏松,排水透气良好。种植时根据观赏草的成株大小来确定其土壤改良深度。

（2）栽植环境

根据园区造景要求和生长习性,选择水生、旱生、喜阳或喜阴的种类。种植前将容器苗底部的根系切除以促进后期扎根,缩短缓苗期,中大型观赏草使用麻绳或塑料绳捆扎后种植。

（3）栽植间距和栽植深度

小型观赏草的栽植间距以成株后的株高计算为宜,大中型观赏草的栽植间距为成株株高的 50％。栽植深度必须超过观赏草完整根系高度的 2～3 cm,注意不能没过观赏草的生长点。

2）水分管理

栽植后浇透水,夏季浇水宜在 9:00 前或 17:00 后进行。在高温季节,浇水应灌于植株基部,切忌将水冲到叶片上,造成叶片灼伤。观赏草一般较耐瘠薄,养护过程中无须施肥。

6. 草坪栽植技术

草坪是指通过播种草籽或铺设草皮所营造的绿色地表景观,与一二年生花卉、花灌木等的栽植养护方法不同。同时,就功能而言,草坪既有环境美化功能,又承担了公共休闲服务功能。2021 年 3 月进行了草坪铺设,以提高公共绿地的景观品质。

在草坪铺设前,先对坪床适量浇水。当气温较高时,待用的草皮须定时洒水以保持湿润。草坪铺设时沿着道边交叉错缝铺设,不留间距。掉土过多的草坪或者杂草过多的草坪将被视为不合格品,须清理出场。另外,草坪铺设间缝不能过大或者重叠。使用沙坪基质培养,铺设完成后用 2 cm 的沙土压实,以实现铺面平整。压实后立刻浇水。第二天再次进行压实,并进行表层覆沙,刮平后再次浇水。

4.3.4　花卉运营养护技术研究

完成花卉种植后,即进入花卉养护管理期。为保证运营效果,确保花博会园区的花卉观赏效果,须加强养护管理期的管养力度。为此,在花博会运营期间专门建立了保花养护技术规范,重视各类花卉的病虫害防治工作,贯彻"预防为主,综合防治"方针,依照生物防治、物理防治和化学防治相结合的原则,控制各类病虫害的发生。

严禁使用对环境有较强污染的各类化学药剂。同时,通过加强养护、增强树势、保护鸟类、利用天敌,把握时机、物理消灭等一系列方法,最大限度地体现人类与动物、植物和谐共存的关系。

1. 各类花卉的养护质量目标

1) 一二年生花卉

根据造景需求因地制宜,做到色彩搭配美观大方,与周围植物配置相协调,打造出兼具人文性、艺术性的景观,且无杂草和病虫害。

2) 花灌木

花灌木生长旺盛,开花较整齐。其栽植按设计要求,做到层次丰富、色彩搭配合理,且无病虫害。

3) 宿根花卉

根据设计要求及宿根花卉生长特点做到科学配置、色彩搭配,以营造空间层次感,且无病虫害。

4) 观赏草

与周围植物合理配置,避免单一性,使景观层次更丰富,以提高整体设计意境,且无病虫害。

5) 草坪

草坪作为景观的底色和基调,衬托出树木、花卉的艳丽色彩,二者相得益彰,满足都市群体返璞归真、回归自然的心理需求,且无病虫害。

2. 一二年生花卉养护技术

1) 一二年生花卉容器苗

(1) 水分管理

栽植后及时完成第一次浇水,将人工灌溉与智能化喷灌相结合。栽植后的第二天或者第三天根据气候条件复一次浇水。后续正常养护期间则根据天气情况和花卉长势进行水分管理。

需注意,养护期间应进行专业喷灌,每平方米地面被灌溉到的流量为 34 L/h,射程为 5~6 m,单个水泵的流量参数为 0.2 m³/h。同时,由于第十届花博会开园期间正处于上海初夏季节,因此浇水须避开中午高温时段。

(2) 施肥

根据花卉长势及缓苗情况追肥。栽植生根期施用水溶肥 N∶P∶K=20∶10∶20,根据缓苗情况追施肥 1~2 次。现蕾期施用水溶肥 N∶P∶K=10∶30∶20。养护期施用水溶肥 N∶P∶K=15∶15∶30。建议在雨前施肥,若晴天施肥,则须避开中午,并在施肥后及时浇水。

(3) 清除杂草

栽植后安排专人巡查除草,做到景观中无明显杂草。

2) 一二年生花卉籽播

(1) 补种

2021 年 3 月,对 2020 年 9 月撒播的籽播花卉进行了补种,以提升

2021年第十届花博会期间(5—7月)的景观效果。

（2）清除杂草

杂草清除遵循宜早宜小原则,根据杂草生长情况及时安排施药或人工除草。

（3）水肥

籽播花卉补种初期须确保水分供应充足,后期则应保持土壤湿润,适当追肥(复合肥)。

（4）遮阴

籽播花卉多以林下应用为主,自然遮阴效果较好,无须额外人工干预。

3．花灌木养护技术

1）清除杂草

对于未郁闭的花灌木进行松土并清除杂草,对于已郁闭的花灌木若发现寄生藤须马上清除、销毁、松土,以防杂草。

2）修剪整形

花灌木修剪须遵循"先上后下,先内后外,去弱留强,去老留新"的原则,以保证修剪高度,并且做到上面平整、边角整齐、线条流畅,从而抑制植物顶端生长优势,促使腋芽萌发,达到枝叶生长茂盛、整体分布均匀的效果。

对于开花类花灌木应注意,必须根据植株花芽分化的类型或开花需求来安排修剪。首先,综合评估生长环境、植物品种特性、长势强弱等因素。其次,根据其在园区景观中所起的作用及要求进行修剪与整形,或强修或轻修,以加速成型,满足景观效果。

3）施肥

根据其长势情况追施复合肥,施肥方法以撒施为主,且尽量选择在雨天进行。

4）补植

若出现花灌木绿篱断层的情况,应及时补植,并使用同品种、长势一致的容器苗封行。

5）浇水

种植初期确保水分充足,后期保持土壤湿润。

4．宿根花卉的养护技术

1）修剪整形

由于宿根花卉适应性强,生长速度快,容易出现株丛过密的情况,因此需要通过修剪来促进分枝,透气通风,加速生长以达到最佳的景观效果。在养护过程中应及时去除残花、枯叶和病叶,疏删老弱枝条,调整植株株型。

2) 中耕除草

根据园区土壤的板结程度及时疏松土壤,以增加土壤内空气流通,确保根系正常生长。在第十届花博会开园期间,对宿根花卉的养护管理主要是控制杂草、修剪和浇水。在养护除草时应避开宿根花卉,避免伤根伤枝。

3) 施肥

根据设计要求,园区首次布展种植的宿根花卉均处于初花期和盛花期,为维持宿根花卉在 5—7 月的盛花状态,应及时修剪残花,补充有机肥,促使其二次开花。

5. 观赏草的养护技术

1) 修剪抽稀

应在早春时节植株还未萌发新芽时对观赏草进行修剪,剪至离地 15～20 cm,以促其生长,保证花博会展会期间的景观效果。

对于分株能力强的品种,为避免后期生长过密影响群体长势,应注意当观赏草生长到成株高度的一半(即植株间叶片出现重叠或者交叉)时,进行适当抽稀,最后平整土壤,铺上覆盖物。

2) 除草松土

观赏草栽植后需安排专人巡查并及时除草,尤其 5—7 月的气候适宜观赏草生长,特别是雨后长势正旺,要做到花中无明显杂草。另外,除草的同时,对观赏草的种植区域进行松土,增加土壤疏松度,以保证植株健壮、群体美观。

6. 草坪的养护技术

1) 浇水

草坪铺设后的第一次浇水要浇透,以水渗透至土下 5～10 cm,草坪表面不积水为宜。浇水后的区域应避免人为踩踏,以免破坏地形。浇水后的第二天或第三天进行补浇。5—7 月的正常养护期,根据气候情况每 5～7 天进行一次浇水作业,以草坪表面不积水为宜。

2) 施肥

草坪铺设后 10 天左右第一次施复合肥,用量为 15 g/m^2。在成坪后至 6 月上中旬期间需每月施一次复合肥(用量为 30 g/m^2)或者尿素(用量为 10 g/m^2),施肥后再浇水。

3) 修剪

草坪生长至 4～5 cm 时进行第一次修剪,留茬高度为 2～3 cm,以后根据生长情况每 10～15 天进行一次修剪作业,留茬高度为 2～3 cm。

4) 除杂草

养护期间若发现少量杂草应及时拔除,铺设草坪 15 天后根据草坪的扎根情况进行草坪封闭处理。

4.3.5　病虫害防治

病虫害防治以预防为主，定期做好喷药防治工作。病害用百菌清、多菌灵、甲基托布津等防治，虫害可用除尽、阿维菌素等防治。

加强园区花卉养护管理，提高植株的长势，从而增强其抗病性、抗逆性，减少药剂、人工的投入。

实时跟踪病虫害发生情况，一旦发现病虫危害，及时采取相应的防治措施。

严禁使用对环境有较强污染的各类化学杀虫、杀菌药物。同时，应当加强养护、增强树势、保护鸟类，最大限度地体现人类与动物、植物和谐共存的关系。

4.4　重要区域的保花运营技术研究

世纪馆屋顶"蝶恋花"和"牡丹花海"是第十届花博会的重要展示项目，也是本届花博会的重点展示区域和两大亮点。

4.4.1　世纪馆"蝶恋花"展区

1.　主要花卉品种

5—7月是上海一年中温度较高的月份。花博会开园期间，项目区气候炎热，降雨较少，加上世纪馆屋顶无任何遮阳设施，故对花卉而言，生长环境较为严苛。通过前期花卉品种测试，优选出耐热品种用于世纪馆屋顶花海，具体包括：超级凤仙、美女樱、四季海棠、香彩雀、百日草、同瓣草。通过花卉品种的优选，既满足了景观设计要求，又延长了观赏期，同时也减少了后续花卉的更换频率。

1) 超级凤仙

超级凤仙是新几内亚凤仙种间杂交获得的园艺新品系，凤仙花科凤仙花属。超级凤仙花量丰富，花色艳丽，花期长，可从4月持续至11月。超级凤仙喜阳光，耐高温、高湿，在长三角地区的黄梅季节表现优秀。其抗逆性强，不易染病，是较为优秀的家庭园艺、花园景观应用花卉。

2) 美女樱

马鞭草科美女樱属。美女樱全株有细绒毛，穗状花序顶生，花小而密集。美女樱生长健壮，抗逆性强，喜阳光，在炎热夏季能正常开花，是花博会园区内花坛、花境中表现较好的花卉品种之一。

3）四季海棠

秋海棠科秋海棠属。四季海棠株型圆整，花朵成簇，茎直立，稍肉质，叶色艳丽，叶片光亮无毛，四季开花。四季海棠喜阳光，稍耐阴，喜温暖，但不耐水涝，因此在花博会园区中被种植于排水较好的区域，生长表现极佳。

4）香彩雀

车前科香彩雀属。香彩雀的唇形花瓣娇小可爱。其花色淡雅，花朵密集，花期较长，从春季开到秋季。香彩雀适生性强，耐高温、高湿，也较耐旱，在花博会园区内长势强健，养护难度低。

5）百日草

菊科百日菊属。百日草品种繁多，花色明亮，被糙毛或长硬毛，在花博会园区花坛、花境中应用较多。百日草喜温暖，喜阳光，抗逆性强，表现优秀。

6）同瓣草

桔梗科同瓣草属。同瓣草花娇小繁密，花色淡雅。由于其适应性强，耐热、耐旱，因此在世纪馆"蝶恋花"展区作为主要品种之一进行应用。

2. 主要技术点

1）基质

世纪馆的屋顶种植一方面要考虑植物生长必需的土壤深度，另一方面也要考虑屋面的承重能力，因此选用进口轻质泥炭土来完成屋顶花卉的种植，从而既满足花卉生长要求，又符合屋面承重安全要求。施工流程是使用传送带将栽培基质传送至屋顶，再由施工人员将轻质土填充进屋顶蜂窝状固定槽内。

2）固定槽

世纪馆屋顶是一个坡形设计，最大倾斜角度达到30°，为了使世纪馆屋面均匀受重，栽培基质不会因重力下滑，采取了用蜂窝状固定槽固定泥炭的方法，且达到了很好的效果。

3）定位与放样

世纪馆屋顶花园面积为 14 919 m²，为国内最大的屋顶花园。由于屋顶花园存在 30° 的坡度，因此给施工造成了较大的难度。

为了完美落实设计方案，施工放样采取 GPS 精准定位，在世纪馆屋顶共确定了 1 500 个点位，根据屋顶地形，每 1～1.5 m 设置 1 个点位。用滑石粉沿着确定的点位进行勾线，将种植图分区、分块，在不同区块的种植图上插上不同颜色的彩旗放样，代表不同的花卉品种。

4）轮廓预埋隔槽板

埋设隔槽板一方面是为了在种植时能够完全按照设计要求展现色

彩及图案,另一方面是为了便于后期换花,以免重新放样。埋设隔槽板时按照预先勾勒出的边线垂直开槽,开槽深度为 20 cm,以保证隔槽板埋设时处于垂直状态。

5)土壤平整

屋顶绿化属于精细化施工,屋顶本身存在的坡度会影响施工界面平整。对世纪馆屋面进行平整时不能使用任何机械,只能依靠人工进行微地形处理。

6)种植准备

种植前需将栽培基质进行湿润,一方面可以促进植物成活,另一方面可以减少基质扬尘。泥炭作为一种轻质土,需采取少量多次浇水的方式,让水分慢慢地渗透吸收,从而达到较好的湿润效果。

7)屋顶上花及种植

世纪馆屋顶花园种植面积较大,共有 14 919 m²,种植各类花卉550 000 盆。屋顶如何上花是一大难点。经研究,设定以下操作流程:①储备基地的花卉统一装入物流专用运输箱;②物流专用运输箱统一装上台车;③台车再装入有尾板的物流运输车,运输至世纪馆的物流传输带上料入口处;④卸下台车并将花卉物流专用运输箱送上传输带;⑤世纪馆屋顶的工作人员按秩序卸下花卉物流专用运输箱;⑥根据设计方案,将不同品种摆放至对应的彩旗色块内进行种植。

8)浇水

世纪馆屋顶花园以智慧灌溉养护为主、人工补灌为辅。本区域的智慧灌溉使用的喷头是美国亨特 PRO-04MP3500 旋转喷头,每平方米流量 34 L/h,射程为 5~6 m。屋顶花园种植完成后的首次浇水非常关键,必须补充水分,花卉才能尽快成活。由于首次浇水量较大,因此以智慧灌溉为主,人工补水为辅。

9)病虫害防治

"蝶恋花"是本次花博会一大亮点,因其面积大、坡度陡、承重轻,且设计的花卉品种多、用量大,故而养护工作难度较大。因此,采用无人机植保技术来解决屋顶花园病虫害防治技术难题。通过定期开展防治工作来降低病虫害发生率,提高蝶恋花的观赏性。

无人机植保技术具有精准、高效、节水、操作简便等诸多优点,且能显著缩短管养时间。经多次试验对比,将无人机植保应用的杀菌剂(百菌清、多菌灵等)施药浓度调整为 300 倍,杀虫剂(阿维菌素、吡虫啉等)施药浓度调整为 700 倍,飞行高度设置为 1.8~2 m,每周喷洒 1 次,轮换药剂品种以降低耐药性,可实现较好的病虫害防治效果。应用无人机进行屋顶花园的植保工作,喷洒效率可达到 20 亩/h,每次仅需 1.1 h

即可高效率、高质量地完成防治工作。

4.4.2 "牡丹花海"

1. 主要花卉品种

1）大花海棠

秋海棠科秋海棠属。大花海棠花大色艳，叶片心形，有光泽，是庭院景观、家庭园艺种植的优良花卉品种。其抗逆性好，对光照要求不高，在花博会园区应用中需注意保持土壤湿润，不宜见干见湿。

2）超级凤仙

凤仙花科凤仙花属。花博会园区内应用的是种间杂交获得的新品系——超级凤仙"桑蓓斯"系列。由于超级凤仙"桑蓓斯"具有生长旺盛、花量大、花色艳丽、抗逆性强、耐高温、耐湿、抗病性强等特点，故在花博会园区中应用较多。

3）醉蝶花

白花菜科醉蝶花属。园区应用品种为醉蝶花"宝石"系列。醉蝶花的花茎直立，花瓣披针形向外反卷，非常美观，且花有香气，是优良的蜜源植物。醉蝶花适应性强，喜高温，较耐暑热，喜阳光充足。

4）芍药

芍药科芍药属。芍药是中国传统名花，花中丞相，花朵硕大，花色丰富，深受国人喜爱。芍药喜干怕涝，因此在花博会园区应用时须栽植于地势较高、排水良好的区域。

2. 主要技术点

1）场地清理及土壤改良

人工清理项目场地中的建筑垃圾、杂草等，以免影响施工及花卉成活率，并将清理出来的垃圾装车运送至指定地点。另外，进行 50 cm 深度的基质改良，实现栽培基质 EC<0.5、pH 值在 5.5～6.0 范围内、总孔隙度达到 95%。

2）地形粗整理

整地的质量与花卉生长之间有着重要关系，可以通过改善土壤的物理性质，使水分、空气流通良好，根系易于伸展。土壤松软有利于保持土壤中的水分，使其不易干燥，也可促进土壤风化和有益微生物的活动，从而有利于可溶性养分含量的增加。牡丹花海地形粗整理的具体做法是：初期组织人员清除现场障碍物，挑拣石块等杂物。根据设计要求，对表层 30 cm 土壤增加种植土进行改良。在地形初次全部完成以后，使用园林工具（如六齿耙、四齿耙等）对土方表层 30 cm 内进行整理和表面找平。整个地形的坡面曲线保持排水通畅，根据放样标高，由里向外施工，边施工、边压实，且施工过程中始终把握地形骨架，翻松碾压板结土。在原机械平整场地的基础上，在花卉种植区域进一步用机械粗平，深翻 50 cm。

3）地形细整理

植物栽植区域的地形整理，应按设计规定施工，并预留 5～10 cm 的沉降。施工人员到现场核对施工图纸，了解地形、地貌和障碍物的情况，按设计规定的基线、基点进行放线定点，做模纹微地形。再根据设计图纸进行初平整放样，完成符合设计意图的地形地貌整理。

4）花卉苗木准备及种植

（1）选苗

花卉苗木的品种、外形、规格应符合施工图纸要求。选择长势健壮、无病虫害、无机械损伤、株型端正、根系发达的花卉苗木。

（2）花卉苗木运输

花卉苗木装卸时应小心轻放，不损伤花卉苗木。小苗堆放不宜太厚，以防发热伤苗。

（3）草坪铺设及花卉种植

"牡丹花海"（图 4-9）分为东西两大块种植区域进行分区种植。根据地形和放样要求，用隔槽板分割出草坪、花卉的种植区域，并先种植花卉。因涉及的花卉品种较多，地域较广，因此种植时将同一品种的花卉搬运到位，种植完毕后更换其他品种，避免种植错位。

种植土应疏松肥沃，在种植穴内将花苗立正栽好，分层回土，适当提苗，使植物的根系得以舒展。再分层踩实，从边缘向土球四周培土、覆土、扶正、压实、平整地面、浇水。

待"牡丹花海"所有花卉种植完毕后铺设草坪，依次完成平整、压实、铺沙、铺草、浇水等种植流程。最后，检查铺设草坪给花卉造成的损伤，并进行修补。

（4）浇水

花卉栽植后首次浇水采取自动灌溉为主、人工补水为辅的方式。其中，人工补水时使用花洒喷淋以控制水流，防止花卉倒伏；第二天再浇一次水。养护期间须安排人员每日巡园，结合天气和植物状态，采用喷灌设施进行定时补水。养护浇水宜避开高温时段，对一些肉质茎叶的花卉尤其需要注意，以避免高温烫伤。

（5）施肥

"牡丹花海"的花卉在现蕾前和败花期各追施肥料 1 次，施肥后第二天浇清水。注意现蕾后切忌施肥，否则会引起落花。在花卉现蕾前，可用喷雾器进行叶面追肥，施用 0.1%～0.3% 的磷酸二氢钾、尿素、硫酸亚铁等肥料，以补充钾、铁等元素。

（6）病虫害防治

主要防治蚜虫、红蜘蛛、白粉病、黑斑病等病虫害，防止花卉与苗木之间的相互传播。药剂的选择应以高效、无味且对人体、花卉无毒害为原则。

图 4-9　牡丹花海

4.5　花境

4.5.1　花境总体设计

花境是第十届花博会园区内公共景观最大的看点之一。在园区内共建设大小花境 311 个，施工总面积超过 56 000 m² 。根据第十届花博会园区的整体设计要求，花境设计围绕"花与生活""花与文化""花与艺术""花与科技"等主题展开，经过多轮方案筛选和修改，最终确定 56 个一级花境点位，255 个二、三级花境点位。其中，包含主题花境 33 个，新优花卉品种（如朱顶红、百合、绣球、萱草、玉簪等）展示专类园 10 个，从而极大地提升了园区内公共景观的效果。同时，花境使用的花卉品种也参考了本次花博会筹备期间所进行的花卉试种结果。

4.5.2　优秀花境介绍

1. 光明田园

光明田园（图 4-10）的设计理念：主花境运用花艺立体雕塑以营造海派特色石库门，通过配置圆锥形、球形苗木来形成高低组合的植物组群；副花境运用花艺、花箱及园林造景组合的手法，将大众熟知的大白兔奶糖、冰激凌等通过花艺表现手法有机地融入景观中。最终，营造出创意独特、层次分明、色彩协调的田园景观。

　　植物配置:鹤望兰、金叶女贞、穗花牡荆、美人蕉、大麻叶泽兰、红朱蕉、矾根、澳洲狐尾、茶梅球、金姬小蜡、银边玉蝉、醉蝶花、紫花醉鱼草等。

图 4-10　光明田园

　　2. 花野仙踪

　　花野仙踪(图 4-11)的设计理念:景点以南方观叶、厚叶植物的特性及其他尖叶、花叶植物个体及群体之间相互作用的生物规律为基础,呈现出植物个体的自然美和群体美;讲究节奏与韵律,自然而不失整齐,纷繁却不凌乱,整体富有野趣。

图 4-11　花野仙踪

植物配置:美丽针葵、散尾葵、天堂鸟、三角梅、龙血树、银叶金合欢、巴西也门铁、五彩千年木、红盖鳞毛蕨、矮蒲苇、熊猫堇、细茎针茅、火星花等。

3. 海洋奇缘

海洋奇缘(图4-12)的设计理念:景点以各种多肉植物打造出一个多肉植物的"海洋"——鱼儿在水中游动,海龟悠闲地栖息在珊瑚中;以植物的色彩和质感,结合白色沙滩、珊瑚石等要素构建出一个梦幻的海底世界,从而给游客带来全新的体验。

植物配置:景天、蓝冰麦、美洲龙舌兰、澳洲朱蕉、金边龙舌兰、新西兰亚麻、黑法师、仙人掌、量天尺、玉蝶等。

图 4-12 海洋奇缘

4. 记忆留声机

记忆留声机(图4-13)的设计理念:海派家具作为上海19世纪末至20世纪初这一时期的产物,是东西方文化高度碰撞所形成的上海独有的家具艺术风格,展现了上海"海纳百川"的城市精神。景点通过收集海派家具、家电,营造出老上海的生活场景,结合留声机传出的悠扬歌声,唤醒游客对于过往的记忆。

植物配置:花叶美人蕉、蛇鞭菊、香石竹、穗花婆婆纳、香茶菜、红叶苋、银蒿、多花筋骨草、向日葵、毛地黄、大花飞燕草等。

图 4-13　记忆留声机

5. 爱丽丝漫游仙境

　　爱丽丝漫游仙境(图 4-14)的设计理念:景点以爱丽丝漫游仙境这个故事为背景。爱丽丝在花园中沉沉睡去,突然看见一只西装革履、拿着怀表的兔子匆匆跑过自己身旁。好奇的爱丽丝连忙起身,尾随兔子来到一个到处都是门的大厅,由此坠入了神奇的童话世界,开始了一场漫长而惊险的旅行⋯⋯

　　植物配置:雪球冰生溲疏、矾根、钻石月季、金雀花、小花木槿、朱槿、龙血树、火星花、花叶柳球、龟甲冬青球、金边胡颓子等。

图 4-14　爱丽丝漫游仙境

4.6 保障应急方案

4.6.1 日常保障应急方案

（1）建立应急团队，做到随时上岗，并做好后勤保障。

（2）补充备用人员，以便高峰或抢工期时可随时增加人员。

（3）根据施工进展情况安排夜间施工。

（4）积极协调各方关系，掌握天气、交通等政策信息，以便及时做出调整。

4.6.2 特殊情况保障应急方案

为保证园区花卉的运营质量，建立了特殊情况下的保障应急方案，具体如下。

1. 黄梅时节及台汛期的运营保证措施

（1）雨季施工主要以预防为主，采取防雨及加强排水等措施。

（2）在雨季前，做好排涝应急方案，配置强排设施。

（3）对现场所有排水设施，安排专人定期检查、疏通，特别是集水坑处，安排定期抽水，以保工程顺利进行。

（4）抽水设备的电器部分须做好漏电保护措施，严格执行接地、接零和使用漏电开关三项要求。施工现场的电线应架空拉设，用三相五线制。

2. 高温干旱期的运营保证措施

（1）优化灌溉方案，通过及时灌溉以防植物因脱水而枯死，增加花卉的成活率。

（2）通过合理配植，利用树冠自然遮阳，或增建遮阳设施，提高遮阴率，防止烈日对花卉特别是阴生花卉的灼伤。

（3）喷施蒸腾抑制剂，促进植物气孔关闭，延缓夏季花卉的新陈代谢，减少水分消耗，提高其抗高温、抗旱能力。

（4）高温干旱期减少肥料的使用，在施肥时须结合淋水施液肥，严禁干施。

3. 夜间运营保证措施

（1）制订合理的夜间施工方案，合理调配人力和机械设备，尽快完成补水、修剪等养护任务，减少夜间施工的时间。

（2）备齐足够的可供夜间施工使用的照明设备、水源等。

（3）设置专人统一指挥施工人员和来往车辆，使夜间施工作业能够有条不紊地进行。

（4）设置专人进行施工现场的安全检查和安全防护。

（5）设置专人检查维修供电设备线路、施工机械，确保供电设备正常运转。

第 5 章

花博会园区展馆绿色低碳建设关键技术

5.1 研究思路与技术路线

5.1.1 研究思路

1. 基于新陈代谢特性的展馆室内空气质量预测和调控技术研究

基于新陈代谢特性的展馆室内空气质量预测和调控技术研究的思路是：首先，开展常见植物的新陈代谢特性和固碳释氧能力的调研，形成植物固碳释氧能力数据库，为后续研究夯实数据基础；其次，综合植物固碳释氧能力、人员新陈代谢特性和展馆内人员的潮汐活动规律来分析并预测室内 CO_2 浓度的变化趋势；最后，根据室内 CO_2 浓度的变化趋势和调控目标，研究适宜展馆建筑的新风系统设计和运行策略。

2. 复杂空间气流组织和热湿环境营造技术研究

基于展馆不同功能空间对于温度、湿度、风速等参数的差异化控制要求，从满足植物生长和兼顾人员舒适性的角度出发，研究分区、分层的室内热湿环境预期指标，风口布置和出风特性等关键变量作用下室内气流组织的精细化数值模拟方法，以及分空间、分时段的末端送风方式，最终提出兼顾人和植物二者需求的复杂空间热湿环境解决方案。

3. 光伏建筑一体化高效利用技术研究

对复兴馆本身的屋顶形式如尺寸、结构、面积等进行分析，同时通过历年气象资料对崇明区全年太阳能资源禀赋进行分析，为后续建立模型奠定了基础。通过 PVsyst 软件对项目光伏建筑一体化利用技术开展初步设计评估，构建光伏系统模型，建立兼具展示性、示范性、教育性和实用性的地域气候适用型光伏建筑一体化高效利用技术体系，并开展基于全年动态模拟的可再生能源发电量预测。

4. 基于植物和人员需求的展馆空调负荷预测和绿色用能指标研究

基于花博会展期室外气象参数的日较差和昼夜温差变化较大的特征，通过建筑围护结构和机电系统等参数分析建立建筑动态能耗分析模型，以便于开展多种运行模式下的空调负荷需求和用能特性研究，建立与季节、昼夜工况相适应的展馆用能精准预测模型，探索绿色展馆合理用能指标基准，以服务于花博会园区展馆建筑的建设使用功能。

5. 展馆室内空气质量及热舒适实效评估

复兴馆和世纪馆被定位为中国绿色三星建筑及美国 WELL 建筑双认证建筑。在节能低碳的基础上，为确保展馆室内的健康舒适性，展开了室内空气质量及热舒适实效评估。评估指标选取了与参展观众的舒适性以及植物生长相关的关键指标，包括 $PM_{2.5}$、CO_2 浓度、TVOC、苯、二甲苯、温度、湿度和风速等。

5.1.2 技术路线

花博会园区展馆绿色低碳建设关键技术研究的技术路线如图 5-1 所示。

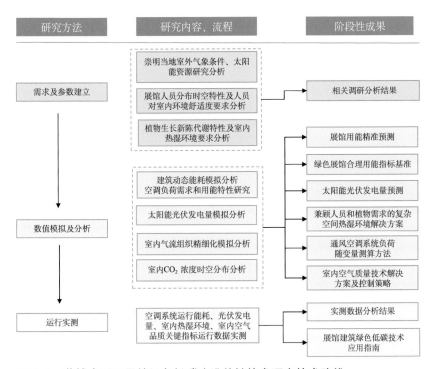

图 5-1 花博会园区展馆绿色低碳建设关键技术研究技术路线

5.2 基于新陈代谢特性的展馆室内空气质量预测和调控技术研究

5.2.1 植物固碳释氧能力

花博会展馆内的植物处于室内空间环境且为人工养育的状态,由于室内温度、光照、土壤湿度都处于一个相对恒定的状态,因而可以认为在白天植物展馆运行工况下,植物的光合速率不随环境温度、光照、土壤湿度的变化而变化。展馆运行情况下,室内 CO_2 浓度受到人员和植物新陈代谢耦合作用的影响,即室内人员呼吸作用释放 CO_2,植物在光合作用下吸收 CO_2。即使场馆内有新风系统在不断稀释室内 CO_2 的浓度,但相比于室外 CO_2 浓度,室内 CO_2 浓度依然处于一个相对较高的状况。根据已有文献研究结果,相比于室外空间,植物短期暴露在室内较高 CO_2 浓度水平下将有利于提高其光合速率。

本研究调研了包括北京、上海、武汉、长沙在内的 10 个区域,共 146 种乔木、灌木、藤本、草本的单位叶面积日固碳量,统计结果如图 5-2 所示。

春秋季各类植物的单位叶面积固碳量的中位数高于夏季,这可能是由于夏季气温高于大多数被调研植物光合作用的最适宜温度。

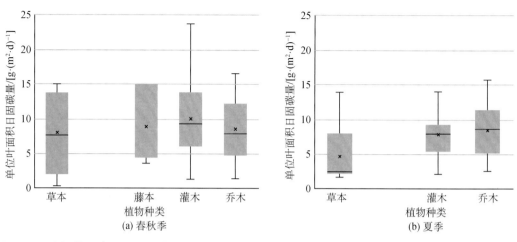

图 5-2 植物单位叶面积日固碳量统计结果

图 5-3 为查阅了多篇参考文献后对其中各类植物叶面积指数(LAI)的数据进行统计后得到的结果。可以看出,乔木和灌木的叶面积指数普遍较高,其次是草本植物,最后是藤本植物。

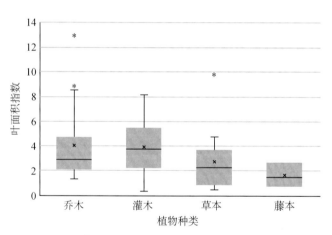

图 5-3 不同类型植物叶面积指数(研究统计值)

已有研究表明,植物处于室内且室内温度维持在 26℃ 左右,即接近春季的气候情况,则以春季各类植物的平均单位叶面积日固碳量作为参考数值更为合理。所以,本研究选取乔木的平均单位叶面积日固碳量为 8.6 g/(m^2 · d),灌木的平均单位叶面积日固碳量为 10 g/(m^2 · d),草本的平均单位叶面积日固碳量为 7.91 g/(m^2 · d)。植物夜间的暗呼吸量按白天同化量的 20% 计算。各类植物的叶面积指数可参考图 5-3 中的数据,乔木的平均叶面积指数取 4,灌木的平均叶面积指数取 3.9,草本植物的平均叶面积指数取 2.8,藤本植物的平均叶面积指数取 1.67,该数据会随着研究的深入和统计样本数量的增加而不断优化,或进一步细化植物分类、地区。植物的叶面积指数及新陈代谢参数如表5-1所列。

表5-1 植物的叶面积指数及新陈代谢参数

植物类型	昼间净光合速率 P_n /[g • (m² • h)⁻¹]	夜间暗呼吸速率 P_n /[g • (m² • h)⁻¹]	叶面积指数 LAI
草本	0.79	0.20	2.8
藤本	0.88	0.22	1.67
灌木	1.00	0.25	3.9
乔木	0.86	0.22	4

5.2.2 展馆室内 CO_2 浓度预测

针对本次花博会,我们采用了区域模型模拟软件CONTAM来研究室内 CO_2 浓度的分布规律。CONTAM是由美国国家标准与技术研究所(National Institute of Standards and Technology,NIST)下属的建筑和火灾研究实验室研发的用于研究多区域室内空气质量和通风分析的计算机程序。

1. 模型及案例的基本设置

第十届花博会园区内复兴馆展厅 A 的展区区域面积为 4 889 m²,层高 8.8 m,属于高大空间展区,峰值时间人员密度可达 2.5 m²/人,游客的 CO_2 呼出速率为 0.028 m³/h,室外 CO_2 浓度为 400 ppm,室内初始 CO_2 浓度为 400 ppm,展馆围护结构的渗透换气次数为 0.5 次/h,假设无机械通风。

本节设置了 9 个案例(表5-2),分别研究草本、灌木、乔木在绿化覆盖率低(15%)、中(30%)、高(50%)情况下,室内 CO_2 浓度随时间的变化规律。

表5-2 案例设置

模拟案例	植物类型	植物叶面积指数	绿化覆盖率	平均单位叶面积日固碳量/[g • (m⁻² • d)⁻¹]	CO_2 吸收速率/(g • h⁻¹)
案例1		2.8	15%	7.91	1 354
案例2	草本	2.8	30%	7.91	2 707
案例3		2.8	50%	7.91	4 512
案例4		3.9	15%	10	2 383
案例5	灌木	3.9	30%	10	4 767
案例6		3.9	50%	10	7 945
案例7		4	15%	8.6	2 102
案例8	乔木	4	30%	8.6	4 205
案例9		4	50%	8.6	7 008

2. 有人员散发 CO_2 的工况下

图 5-4 为展馆内人员流量随时间的变化情况。图 5-5(a) 为基于游客流量的时间变化，在人员散发 CO_2 情况下，室内 CO_2 浓度的日变换规律，图 5-5(b) 为室内 CO_2 浓度连续三天的变化规律。一天的大多数时间展区内的 CO_2 浓度都大于 800 ppm，从 7:00 开始，室内 CO_2 浓度开始逐渐上升，直到 17:00 达到了一天中 CO_2 浓度的峰值，随着展馆的关闭，展区内无人员散发 CO_2，展区内的 CO_2 浓度开始逐步下降，直到第二天 7:00 室内 CO_2 浓度降至接近 400 ppm，迎来了当天的参观人流，7:00 室内 CO_2 浓度又开始逐渐上升，在 8:00 左右再次达到 800 ppm。在仅靠外围护结构通风的情况下，室内 CO_2 浓度是无法降到初始浓度 400 ppm 的，且每天的初始浓度也在不断地升高。

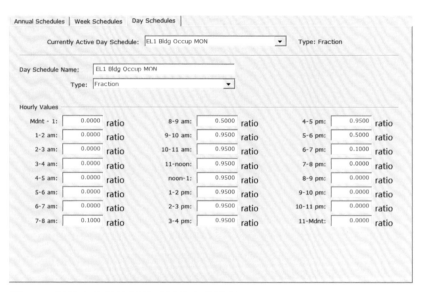

图 5-4 展馆内人员流量随时间的变化情况

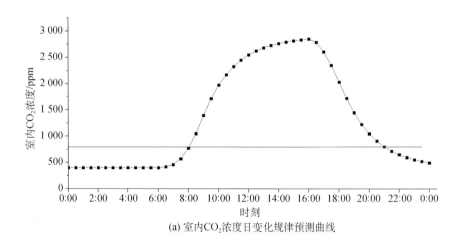

(a) 室内 CO_2 浓度日变化规律预测曲线

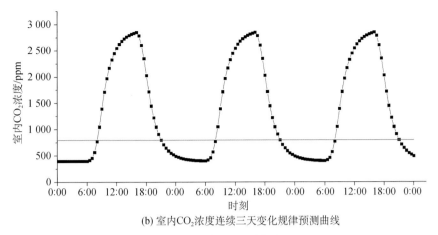

(b) 室内CO_2浓度连续三天变化规律预测曲线

图 5-5　复兴馆展馆内 CO_2 浓度变化规律预测曲线

图 5-6 为展区内没有植物和有植物情况下室内 CO_2 浓度的日变化规律。可以看出,在不同工况下,室内 CO_2 浓度的变化规律基本保持不变,植物具有削弱室内 CO_2 浓度的能力,在室内分别有 30%乔木、30%灌木和 30%草本的情况下,室内 CO_2 浓度有所下降。相对而言,灌木和乔木对于降低室内 CO_2 浓度有较大作用。

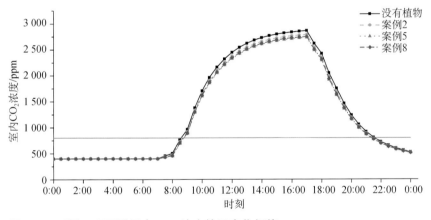

图 5-6　不同工况下展区内 CO_2 浓度的日变化规律

图 5-7 反映了不同时刻各案例情况下室内 CO_2 浓度降低百分比的日变化规律。总体来说,各案例所反映出来的规律基本保持一致,当人流量相对较小时,植物对于降低 CO_2 浓度具有一定的作用,对于案例 6(50%灌木)和案例 9(50%乔木)而言,最高可以降低 14%~16%的室内 CO_2 浓度。在高峰人流时间段,植物对于降低室内 CO_2 浓度的效果有所削弱,对于案例 6 和案例 9 而言,最高可以降低 7%~9%的室内 CO_2 浓度,对于案例 1(15%草本),最高仅降低 1.8%左右。综上所述,在低人流量情况下,高覆盖率的乔木和灌木对于降低室内 CO_2 浓度具有较好的效果;在高峰人流情况下,植物降低室内 CO_2 浓度的能力有限。

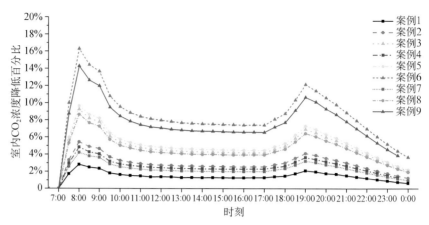

图 5-7　室内 CO_2 浓度降低百分比日变化规律

5.2.3　新风系统耦合调控策略

人在呼吸时会吸入 O_2，呼出 CO_2，而室内 CO_2 浓度过高会让人出现头疼、乏力、呼吸困难等情况。为保障人员的健康，室内 CO_2 浓度须小于设定的最高 CO_2 浓度。常规民用建筑的新风系统设计应以人员的新陈代谢需求为准，《室内空气质量标准》（GB/T 18883—2022）规定室内新风量应不小于 $30\ m^3/(h \cdot 人)$，室内 CO_2 浓度日平均值小于 $1\ 000\ ppm$。

CO_2 对植物而言相当于植物的养分，植物在光合作用过程中可以吸收 CO_2，释放 O_2。较高的 CO_2 浓度有助于加速植物的光合作用，促进植株生长。植物和人的新陈代谢耦合作用需要有与之相适应的新风系统调控策略来同时满足室内植物生长和保障室内人员的健康。

就植物展馆、花卉博览会展馆等类型的建筑而言，人和植物的新陈代谢都会影响室内空气质量，反过来，室内空气质量也会影响人和植物的健康，因此需要有别于常规民用建筑的空气质量调控策略来确保室内空气质量。本节提出了一种基于植物和人的新陈代谢耦合作用的室内空气质量调控系统。

1. 新风量设计

根据室内绿化植物的种类、面积、光合有效辐射强度 PFD[①]、室内人员的数量 N、设定的最低 CO_2 浓度和最高 CO_2 浓度来计算新风系统的最大设计新风量 Q_1 和最小设计新风量 Q_2。

（1）从人员健康和植物净光合速率角度将满足室内目标 CO_2 浓度和人员密度要求的设计新风量 Q_1 作为新风系统的最大设计新风量：

$$Q_1 = \frac{E_{people} + E_{plant}}{C_1 - C_{out}} \qquad (5-1)$$

[①]　PFD 是一个非常重要的光量子流量密度参数，定义为每秒钟每平方米受光面积内所含的光量子数。PFD 可以帮助我们了解光照强度的大小、光照时间的长短以及叶片与光的相对位置等因素对光合作用的影响。

$$E_{\text{people}} = N \times e_{\text{people}} \qquad (5\text{-}2)$$

$$E_{\text{plant}} = P_n \times A_{\text{leaf}} / \rho_{\text{CO}_2} \qquad (5\text{-}3)$$

式中　Q_1——新风系统的最大设计新风量，m^3/h；

$\quad\quad E_{\text{people}}$——室内所有人员呼出 CO_2 的速率，m^3/h；

$\quad\quad E_{\text{plant}}$——室内所有植物的净光合速率，当植物光合速率大于呼吸速率时，$E_{\text{plant}} < 0$，当植物光合速率小于呼吸速率时，$E_{\text{plant}} > 0$；

$\quad\quad C_1$——室内目标 CO_2 浓度，ppm；

$\quad\quad C_{\text{out}}$——室外 CO_2 浓度，ppm；

$\quad\quad N$——室内人员的数量；

$\quad\quad e_{\text{people}}$——人均呼出 CO_2 的速率，$\text{m}^3/(\text{h} \cdot \text{人})$；

$\quad\quad P_n$——植物的净光合速率；

$\quad\quad A_{\text{leaf}}$——植物叶面积，是植物叶面积指数和绿化面积的乘积；

$\quad\quad \rho_{\text{CO}_2}$——$CO_2$ 气体密度。

（2）将满足植物光合作用所需的设计新风量 Q_2 作为新风系统的最小设计新风量。

$$Q_2 = \frac{E_{\text{plant}}}{C_2 - C_{\text{out}}} \qquad (5\text{-}4)$$

式中　Q_2——新风系统的最小设计新风量，m^3/h；

$\quad\quad E_{\text{plant}}$——室内所有植物的净光合速率，当植物光合速率大于呼吸速率时，$E_{\text{plant}} < 0$，当植物光合速率小于呼吸速率时，$E_{\text{plant}} > 0$；

$\quad\quad C_2$——植物进行光合作用所需的 CO_2 补偿点浓度，ppm；

$\quad\quad C_{\text{out}}$——室外 CO_2 浓度，ppm。

2. 新风系统调试和运行

事实上，植物的光合作用和呼吸作用与光合有效辐射强度 PFD、环境温度 T、环境湿度 RH、环境 CO_2 浓度 C 均密切相关。鉴于室内温湿度的波动范围较小，为简化计算，故不考虑室内温湿度对植物光合作用和呼吸作用的影响。在展馆运行期间将展馆内所有植物释放/吸收 CO_2 的速率定义为与光合有效辐射强度 PFD、CO_2 浓度 C 相关的函数关系式，即

$$E_{\text{plant}} = f(PFD, C) = \begin{bmatrix} a_1 \\ a_2 \\ a_3 \\ a_4 \\ a_5 \\ a_6 \end{bmatrix} [1, C, PFD, C^2, PFD^2, C \times PFD]$$

$$(5\text{-}5)$$

如图 5-8 所示,展馆建成后,进行室内无人状态下的新风系统调试,此时昼间和夜间的 E_{plant} 根据植物的种类、面积进行计算和调试。定义 PFD_1 为系统预设最小光合有效辐射强度,当 $PFD \leqslant PFD_1$ 时,新风机停止运行;当 $PFD > PFD_1$,室内 CO_2 浓度小于 CO_2 补偿点(设为 50 ppm)时,开启新风机,风量为 Q_2。

在新风系统调试过程中,实时记录 τ 时刻对应的新风量 Q_τ、PFD、CO_2 浓度 C_τ 和人数 N_τ 等数据,以便于进行后馈式植物净光合速率反算动态修正 $E_{plant,\tau}$,即

$$E_{plant,\tau} = Q_\tau \times (C_\tau - C_{out}) - N_\tau \times e_{people} + V \frac{\Delta C_\tau}{\Delta \tau} \qquad (5-6)$$

通过调试一天内多组数据拟合,即可求解式(5-5),得出符合展馆内实际植物状态的 E_{plant} 预测公式,用以修正 Q_1 和 Q_2,以及指导接下来的新风运行。

在正式运行阶段,根据式(5-1)或式(5-4)动态调节新风量。所设定的室内最小光合有效辐射强度 PFD_1 与植物种类有关,可将 E_{plant} 接近 0 时所对应的光合有效辐射强度 PFD 作为系统预设最小光强 PFD_1。当光合有效辐射强度 $PFD \leqslant PFD_1$ 时,新风机处于待机模式。当光合有效辐射强度 $PFD > PFD_1$ 时,若室内无人,即 $N=0$,且室内 CO_2 浓度小于 CO_2 补偿点 C_2,则将当前的 E_{plant} 值代入式(5-4)进行新风量计算,若计算新风量小于系统最小设计新风量,则按系统最小设计新风量运行新风系统;若室内有人,即 $N>0$,当室内 CO_2 浓度大于或等于设计目标浓度 C_1 时,则按式(5-1)进行新风量计算,若计算新风量超过系统最大设计新风量,则按最大设计新风量运行。当计算新风量超过系统最大设计新风量的某一定值(如 20%)时,须向管理人员发送报警信息,提示室内人员超额。当室内 CO_2 浓度在一定时间内低于设计目标浓度,例如连续 10 min 室内 CO_2 浓度均低于 500 ppm,则新风系统处于待机模式。

实际运行期间仍实时记录 τ 时刻对应的新风量 Q_τ、PFD、CO_2 浓度 C_τ、人数 N_τ 等数据,以便于进行后馈式植物净光合速率反算动态修正 $E_{plant,\tau}$。通过对项目最近两周的数据进行拟合,动态更新 E_{plant} 关系式,从而使 E_{plant} 更加贴近展馆的实际使用情况。

3. 案例计算

复兴馆展厅 A 室内展出花卉类灌木植物,绿化覆盖率为 30%,灌木植物昼间净光合速率约为 1 g/(m² · h),夜间暗呼吸速率约为 0.25 g/(m² · h),叶面积约为 3.9 m²,CO_2 补偿点为 50 ppm。展馆高峰时刻可容纳 1 900 人。

从人体健康的角度出发,在展览过程中,展厅内目标最高 CO_2 浓度为 1 000 ppm。忽略室内人员的性别、年龄等因素对 CO_2 呼出速率的影

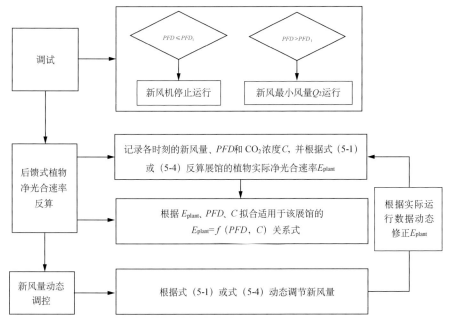

图 5-8　基于植物和人员新陈代谢耦合作用的室内新风调控策略

响,取 CO_2 呼出速率为 $0.028\ \mathrm{m^3/(h \cdot 人)}$,根据式(5-1)—式(5-3),新风系统的最大设计新风量 $Q_1 = 83\ 892\ \mathrm{m^3/h}$,根据式(5-4),满足植物光合作用所需的新风量 $Q_2 = 8\ 184\ \mathrm{m^3/h}$。

图 5-9 所示为室内无人时,光合有效辐射强度 PFD、室内 CO_2 浓度 C 和新风量 Q 的变化趋势。室内初始 CO_2 浓度记为 400 ppm。早上 6:00,太阳升起,自然光引入室内,室内光合有效辐射强度 PFD 大于最小光合有效辐射强度 PFD_1[本书取 $PFD_1 = 50\ \mu\mathrm{mol/(m^2 \cdot s)}$],植物的光合作用强度大于呼吸作用,室内 CO_2 浓度逐渐降低,当室内 CO_2 浓度低至补偿点 C_2 浓度(本书取 $C_2 = 50$ ppm)时,新风系统按最小设计新风量 Q_2 运行,即 $8\ 184\ \mathrm{m^3/h}$。当太阳落山,展馆关闭后,室内光合有效辐射强度 PFD 小于最小光合有效辐射强度 PFD_1,新风机待机,室内 CO_2 浓度随着植物的呼吸作用逐渐升高。

图 5-10 所示为室内有人时,室内各参数 48 h 动态变化趋势。室内初始 CO_2 浓度记为 400 ppm。第一天早上 6:00,太阳升起,自然光引入室内,室内光合有效辐射强度 PFD 大于最小光合有效辐射强度 PFD_1[本书取 $PFD_1 = 50\ \mu\mathrm{mol/(m^2 \cdot s)}$],植物的光合作用强度大于呼吸作用,室内 CO_2 浓度有所降低;从 7:00 开始室内人员逐渐增多,但室内 CO_2 浓度仍较低,此时暂不开启新风机;9:00 时,室内 CO_2 浓度大于500 ppm,新风机开启,新风量按式(5-1)计算,此时新风量为 $79\ 460\ \mathrm{m^3/h}$;17:00 时,展馆内游客数量从 1 805 人减至 950 人,此时根据式(5-1)计算得到的新风量为 $39\ 560\ \mathrm{m^3/h}$;18:00 时,展馆内人数进一步减少,此时依据式(5-1)得到的计算结果小于按式(5-4)计算出的系统最小设计新风

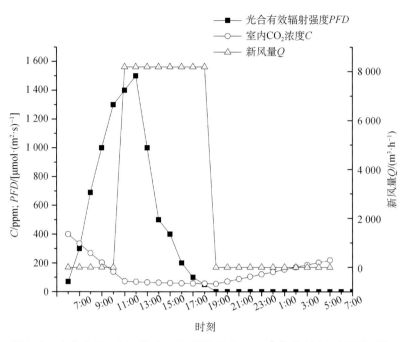

图 5 9　室内 *PFD*、CO₂ 浓度 C 和新风量 *Q* 24 h 变化趋势（室内无人时）

量,故新风量取系统最小设计新风量,即 8 184 m³/h;19:00 时,展馆关闭,此时室内人数为 0,新风系统不再供应新风。到第二天早上 6:00,室内CO₂ 浓度因为植物一整晚呼吸作用而有所提高;7:00 开馆,室内开始有人,开启新风机,新风量取式(5-1)和式(5-4)计算结果中的较大值,即8 184 m³/h;8:00 时,室内人数逐渐增多,新风量同样取式(5-1)和式(5-4)计算结果中的较大值,即 39 560 m³/h。此后,新风系统调控逻辑同第一天。

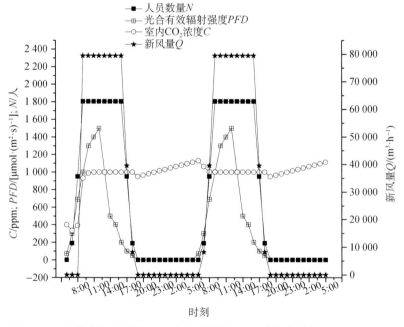

图 5-10　有游客参观的情况下室内各参数 48 h 动态变化情况

5.2.4 小结

（1）本节按乔木、灌木、草本、藤本进行分类，对共计146种植物的固碳能力进行了文献研究和参数分析，得出乔木、灌木、草本、藤本这四种植物类型的平均叶面积日固碳量和叶面积指数，为后续室内CO_2浓度预测分析提供了数据支撑。

（2）基于CO_2浓度质量守恒和区域网络模型对展馆内CO_2浓度变化趋势进行了预测分析，结果表明植物覆盖对室内CO_2浓度变化有一定的影响。这为植物展馆类建筑的新风系统设计和运行策略研究打下了基础。

（3）结合植物和人员新陈代谢作用对室内CO_2浓度的耦合影响，提出了新风系统设计和耦合调控策略；并提出了植物净光合速率的后馈式修正算法，即在展馆调试期和运行期，依据新风量、室内CO_2浓度、光合有效辐射强度不断修正室内植物的净光合速率，进而依据修正后的植物新陈代谢速率来优化新风系统调控的精度。

5.3 复杂空间气流组织和热湿环境营造技术研究

随着我国经济不断发展，诸如交通航站枢纽、会展中心、体育中心等公用性建筑逐渐向大空间方向发展。气流组织在分层空调的设计中至关重要，关系到空调效果的好坏。气流组织的好坏又决定着房间的温度均匀性、速度场分布以及节能的有效性。本节研究采用CFD软件，对花博会复兴馆的气流组织情况进行模拟，以分析场馆内送风口、回风口的布置对场馆内舒适性及风速分布的不利影响。基于展馆不同功能空间对温度、湿度和风速的差异化控制要求，从满足植物生长和兼顾人员舒适的角度出发，研究分区、分层的室内热湿环境预期指标，风口布置和出风特性等关键变量作用下的室内气流组织精细化数值模拟方法，以及分空间、分时段的末端送风方式，最终提出兼顾人员和植物需求的复杂空间热湿环境解决方案。

目前，针对展馆类建筑的室内气流组织研究大多集中在风口设计、送风参数优化等方面，而部分研究则关注植物工厂的室内气流组织设计，但主要侧重于植物生长节律，缺少针对植物展馆建筑的气流组织专项分析及评价研究。因此，有必要以实际运行的植物展馆为研究对象，开展气流组织和热湿环境营造专项研究。

5.3.1 气流组织模型设置

第十届花博会园区复兴馆展览区非透明天窗区域的空调采用空调

箱顶送下回的方式,以达到夏季观展期间人员活动区域保持25℃的室内设计温度。展览区透明天窗部分的空调则采用空调喷口侧送下回的方式,以满足夏季透明天窗部分的空调需求。集中空调箱采用定风量全空气系统,系统考虑过渡季70%新风运行。空调机组设置在夹层机房内,风机采用变频技术。

展厅空调风系统的原理图见图5-11。按照设计图,风口布置在二层位置以上,复兴馆整体屋面下布置四栋独立的展厅(展厅A、B、C、D),它们的空调系统设置相同,以展厅A为例,二层和三层空调风管平面图如图5-12、图5-13所示。

复兴馆内气流组织模拟采用CFD软件进行,鉴于馆内承担植物展览功能,常规的室内气流组织模拟无法研究植物内扰的影响。由于花博会展期在5—7月,因此复兴馆气流组织模拟将分三种工况进行建模,分别是设计模型(设计参数按照图纸)、植物潜热叠加模型和优化模型,如表5-3所列。所构建的模型见图5-14。

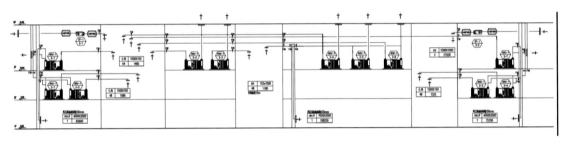

图 5-11　展厅空调风系统原理图

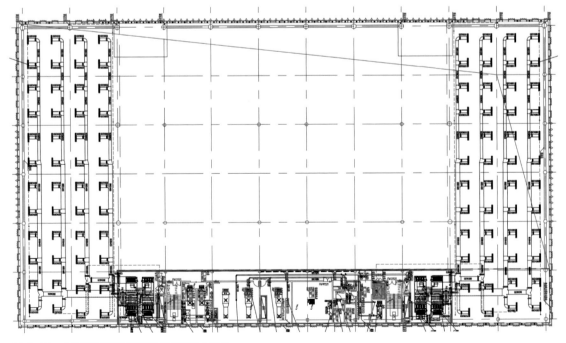

图 5-12　二层空调风管平面图(部分展厅)

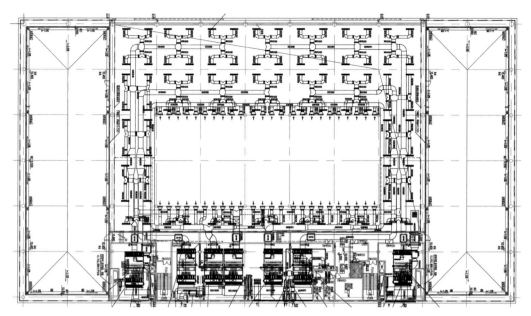

图 5-13 三层空调风管平面图(部分展厅)

表 5-3 模型工况说明

工况	模型	模型特征
1	设计模型	参数设置与设计资料保持一致
2	植物潜热叠加模型	将参展植物潜热散湿叠加至地板发热量计算
3	优化模型	通过优化送风参数设置来优化室内气流组织

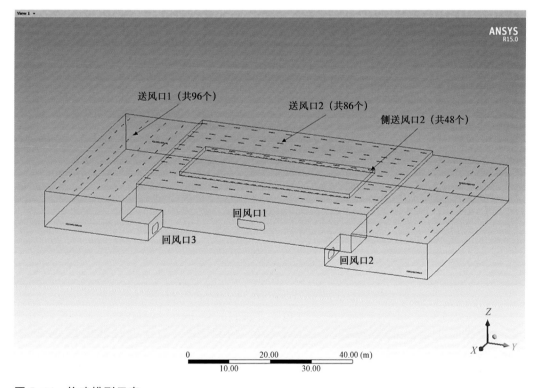

图 5-14 构建模型示意

5.3.2　植物潜热折算及发热量设置

在 Fluent 软件中，一般将模型内进入室内的太阳辐射、围护结构传热以及室内设备和人体散热等热量简化为壁面发热，并设置相应边界的发热量值，软件界面如图 5-15 所示。

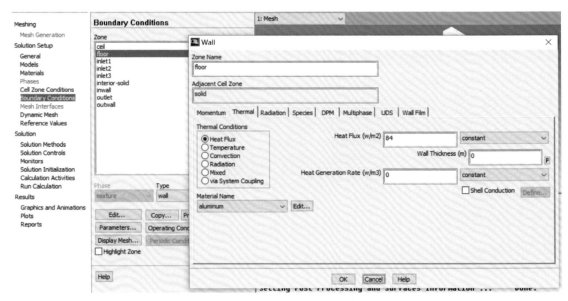

图 5-15　Fluent 软件中边界条件设置界面

在研究过程中，我们将室内设备和人体散热平摊到地面计算，发热量分别按照人员散热 54 W/m^2、设备散热 10 W/m^2、照明散热 10 W/m^2 来设置。设计工况(工况 1)地面发热量按照 74 W/m^2 来设置。

考虑到植物的散湿效应，植物潜热叠加工况(工况 2)和优化工况(工况 3)的发热量在设计工况(工况 1)的基础上，叠加植物潜热发热量，均设置为 157 W/m^2。

5.3.3　气流组织模型对比分析

1. 工况 1

1) 单一回风口的影响

(1) 温度场与舒适性

依照复兴馆设计方案，展览区内共设置了 3 个回风口。为验证风口数量对室内气流组织的影响，首先只设置回风口 1，保持其他设计参数不变，建立模型一。截取 1.5 m 高度温度场云图，如图 5-16 所示。

由图 5-16 可见，在单一回风口条件下，复兴馆展馆内 1.5 m 高度处温度场的分布均匀性较差。

A 区由于设置了光伏屋顶，故主要依靠侧送风口输送冷风，局部区域的温度在 22.8～27.6℃之间波动。

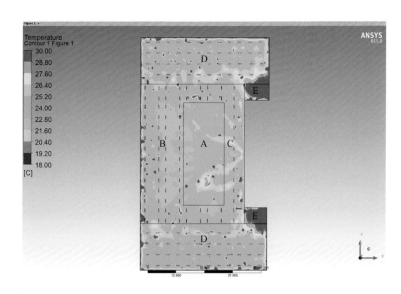

图 5-16　水平方向 1.5 m 高度温度场云图(模型一)

B 区上方风口较多,且受到侧送风口作用,温度稍低,在 21～26℃范围内波动。

C 区风口少,但位置靠近回风口,温度略高于 A 区,温度波动范围24～27.6℃。

D 区与 A 区的交界处温度偏高,其他区域温度在 22.8～25.2℃范围内波动,相对比较舒适。

E 区温度最高,超过 30℃。参照实际图纸,该区域设置了展位,在此情况下展位无法满足舒适性要求。

分别截取回风口平面、与回风口平行距离 9 m、18 m、27 m 这四个垂直平面的温度场云图,结果如图 5-17 所示。场馆中心位置垂直平面温度场云图如图 5-18 所示。

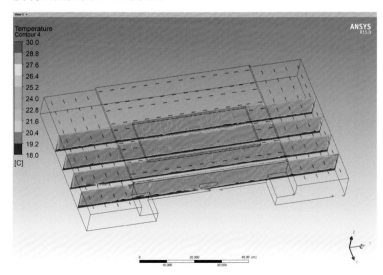

图 5-17　场馆内垂直方向温度场云图(模型一)

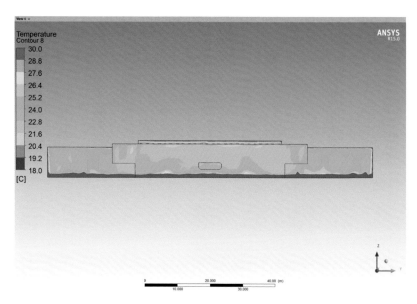

图 5-18　场馆中心位置垂直平面温度场云图(模型一)

　　分别截取与回风口垂直方向平面、与回风口垂直距离 18 m、27 m、36 m 这四个垂直平面的温度场云图,结果如图 5-19 所示。

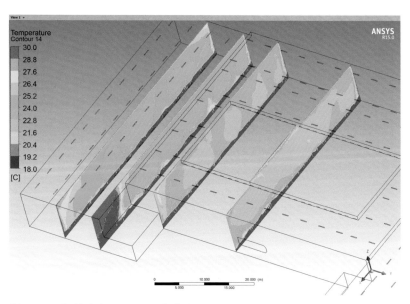

图 5-19　场馆内与回风口垂直方向平面温度场云图(模型一)

　　垂直方向温度场云图同样反映了靠近回风口侧两个气流组织死角的问题。因此,在单一回风口条件下,温度相对偏高,局部区域无法满足舒适性要求。

　　(2)速度场与舒适性

　　在单一回风口情况下,1.5 m 高度速度场云图及场馆中心区域垂直方向速度场云图分别如图 5-20、图 5-21 所示。

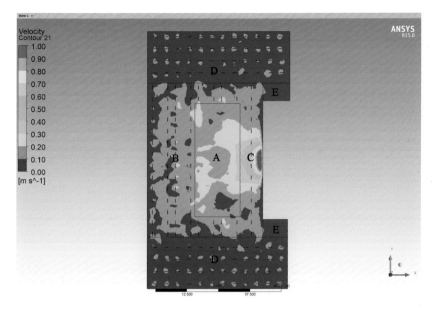

图 5-20　1.5 m 高度速度场云图(模型一)

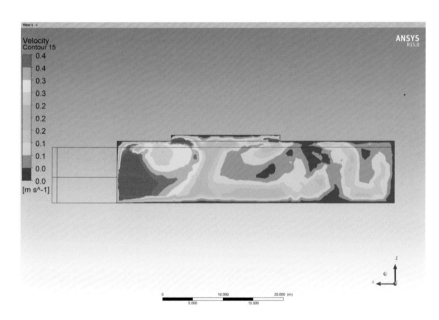

图 5-21　场馆中心区域垂直方向速度场云图(模型一)

由上述速度场云图可知,A 区和 B 区的风速在 0.1~0.3 m/s 范围内,可以满足空调供冷工况下室内风速的要求;D 区与 E 区风口正下方的风速在 0.2 m/s 左右,其他区域风速较低,空气流通性相对较慢;C 区受回风口 1 的影响,风速较大,最大风速超过 1.3 m/s,从而形成了回风口附近 9 m×11 m 的空气流速较大区域。

D 区顶送风口迹线图如图 5-22 所示。

场馆两侧共 96 个顶送风口。由图 5-23 可见,D 区顶送风口的空气很难向其他区域扩散,E 区的气流组织死角处可到达的送风气流较少,

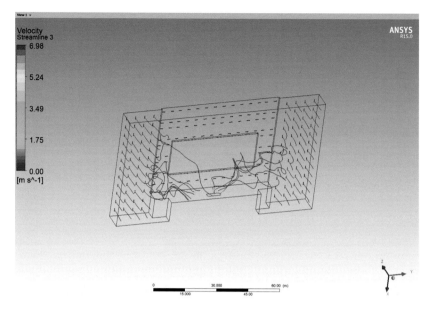

图 5-22　D 区顶送风口迹线图(模型一)

这也是 E 区温度偏高的主要原因。

单一回风口造成了图 5-22 所示的侧送风出来直接被回风口吸引、另一侧空调风难以到达的问题。

2) 均匀分布回风口的影响

按照复兴馆平面图均匀设置 3 个回风口,且按照实际外门的位置设置 4 个无压力渗透出口,建立模型二。

(1) 温度场与舒适性

截取 1.5 m 高度温度场云图,如图 5-23 所示。

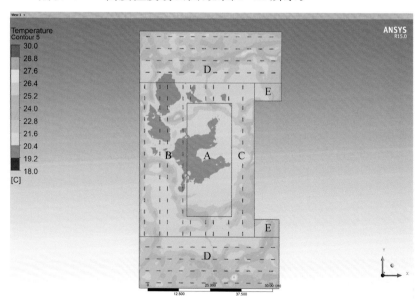

图 5-23　水平方向 1.5 m 高度温度场云图(模型二)

在均匀分布回风口及无压力出口之后,场馆内温度场的均匀度有所提升。场馆内除个别位置(主要为D区)的温度在27℃左右,其他位置的温度基本满足空调供冷工况下室内温度在24～26℃范围内的Ⅱ级舒适性要求。

分别截取与回风口平行距离18 m、33 m、36 m、39 m这四个垂直平面的温度场云图,结果如图5-24所示。场馆中心位置垂直平面温度场云图如图5-25所示。

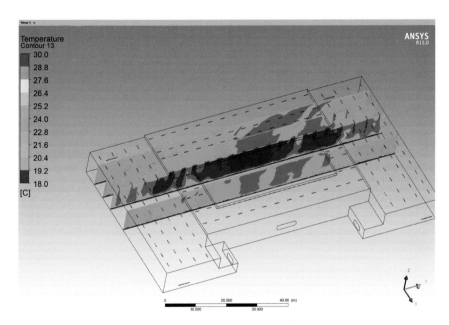

图 5-24　场馆垂直方向温度场云图(模型二)

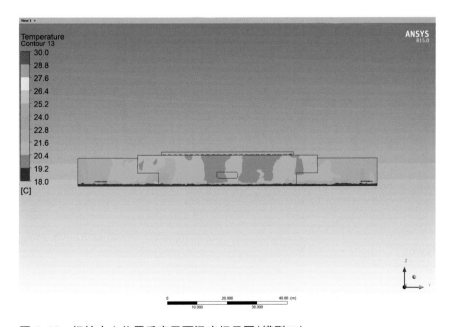

图 5-25　场馆中心位置垂直平面温度场云图(模型二)

分别截取与回风口垂直的四个平面的温度场云图,如图 5-26 所示。

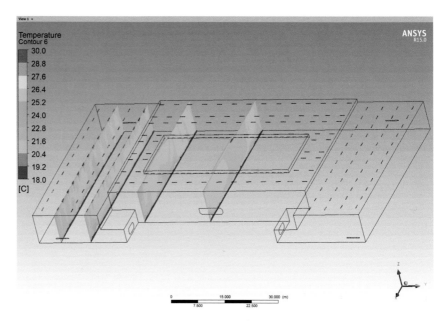

图 5-26 场馆内与回风口垂直方向平面温度场云图(模型二)

由图 5-26 可知,在均匀分布设置回风口之后,场馆内温度场分布无死角,可以满足各个展位人员舒适性的需求。

(2)速度场与舒适性

截取 1.5 m 高度速度场云图及场馆中心区域垂直方向速度场云图,分别如图 5-27、图 5-28 所示。

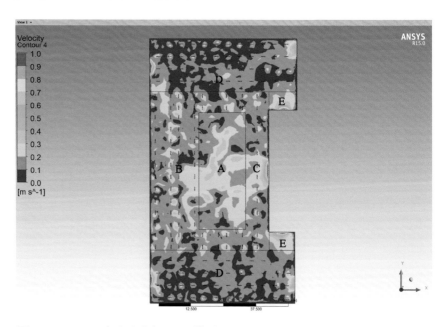

图 5-27 1.5 m 高度速度场云图(模型二)

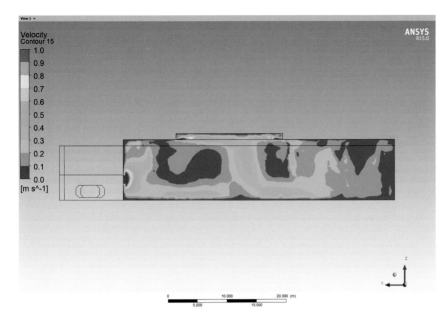

图 5-28 场馆中心区域垂直方向速度场云图（模型二）

在均匀设置回风口之后，展馆内 A、B、C 三个区域内风口下方的风速在 0.3 m/s 左右，部分区域风速偏高，在 0.4～0.5 m/s 左右；D 区的风速较单一，在回风口条件下稍有提升，但仍有部分区域风速在 0.1 m/s以下。C 区和 E 区的回风口风速有所改善，风口处风速在 1.1 m/s 左右，且风速大于 0.5 m/s 的面积范围大幅降低。

模型二的送风口风速流线如图 5-29 所示。由此可见，回风口均匀分布对室内气流组织能起到较好的引导作用，可缓解部分区域温度消散慢、空气流动慢的问题。

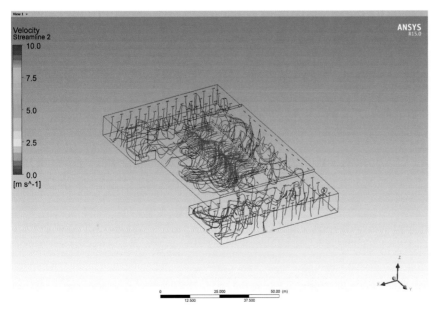

图 5-29 送风口迹线图（模型二）

2. 工况 2

将植物潜热换算为发热量,与人员、设备、照明发热量一起叠加至地面,其他参数保持不变,构建模型三。由于模型三与模型二在速度上设置一致,即速度场与舒适性是不变的,叠加发热量之后仅会影响温度场与舒适性,因此对于模型三仅分析温度场与舒适性。截取 1.5 m 高度温度场云图,如图 5-30 所示。

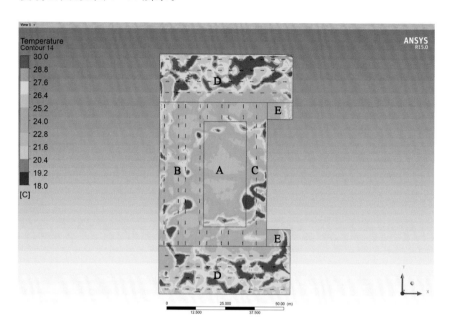

图 5-30 水平方向 1.5 m 高度温度场云图(模型三)

地面叠加植物潜热之后,展馆内 1.5 m 高度处温度普遍提高,温度场均匀性减弱。

A 区温度在 20.4~25.2℃之间波动,与 B 区、C 区、D 区交界处的温度有所提高,最高可达 30℃;B 区个别位置最高温度达 30℃,其他位置在 20.4~30℃之间波动;C 区风口处温度在 25~27.7℃之间波动,部分位置最高温度为 30℃;D 区温度偏高,情况最严重;E 区温度在 22~27℃之间波动。

图 5-31~图 5-33 是各垂直方向上温度场云图,可见在工况 2 条件下,场馆中 A 区温度普遍低于 D 区温度。

模型三与模型二的回风口数量和风口送风速度保持一致,因此速度场也基本保持一致。模型三将植物潜热叠加在地面之后,展馆内 1.5 m 高度处温度普遍升高,鉴于 D 区平均风速偏低,故造成 D 区温度场升温幅度较大。

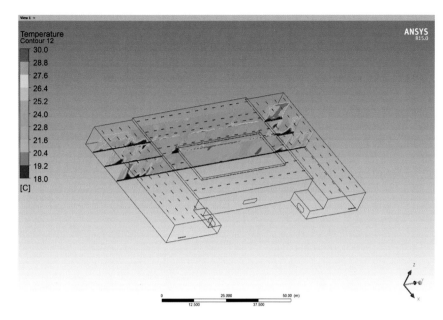

图 5-31 场馆垂直方向温度场云图(模型三)

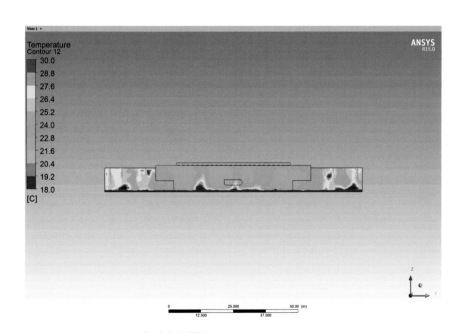

图 5-32 场馆中心位置垂直平面温度场云图(模型三)

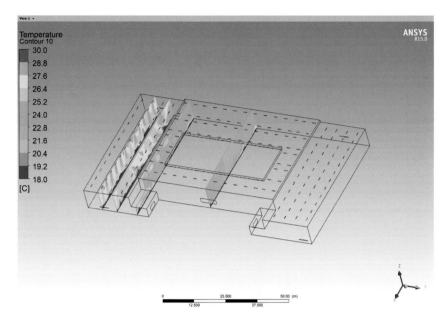

图 5-33　场馆内与回风口垂直方向平面温度场云图(模型三)

3. 工况 3

在叠加植物潜热情况下,为了使场馆内部的温度场满足舒适性要求,考虑在 D 区和 B 区提高送风速度,同时在 C 区和 E 区提高回风速度,以优化室内温度分布与气流组织,构建模型四,风口参数设置如表 5-4 所列。

表 5-4　风口参数设置调整

功能空间	类型	风速/(m·s⁻¹)	数量/个
展览区	送风口 1	1.43	96
	送风口 2	2.11	86
	侧送风口	2.45	48
	回风口 1	3.16	1
	回风口 2	2.95	1
	回风口 3	2.95	1

1) 温度场与舒适性

截取 1.5 m 高度温度场云图,如图 5-34 所示。

在分区域提高送风及回风速度之后,展馆内 B 区、C 区、D 区的平均温度有所下降。场馆内除个别位置温度偏高以外,其他位置的温度基本满足空调供冷情况下室内温度在 24~26℃ 范围内的 Ⅱ 级舒适性要求。

2) 速度场与舒适性

截取 1.5 m 高度速度场云图,如图 5-35 所示。

由图 5-35 可见,优化后 D 区的速度场风速有所提升,风口下方位置风速在 0.3 m/s 左右,模型三中大部分风速低于 0.1 m/s 的情况有所缓

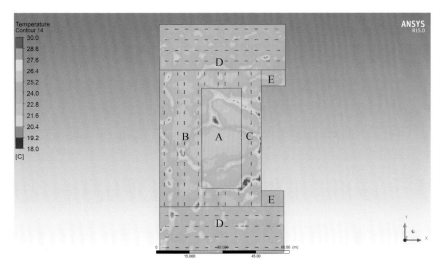

图 5-34　水平方向 1.5 m 高度温度场云图(模型四)

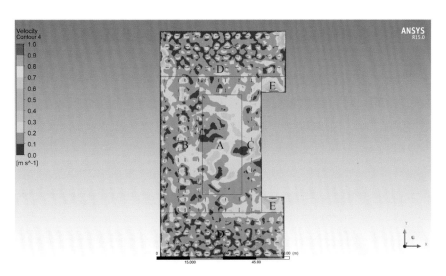

图 5-35　1.5 m 高度速度场云图(模型四)

解。回风口风速辐射范围稍有扩大,但最大风速不超过 0.4 m/s,基本满足舒适性风速要求。

5.3.4　舒适性评价

1. 评价指标与评价方法

对于高大空间建筑的舒适性空调系统来说,当辐射影响有限时,如果相对湿度为 30%～70%,则人体热舒适度受相对湿度的影响不明显,可以主要考虑空气温度和风速对人体的综合作用。因此,常用有效风感温度来反映温度、风度对舒适感觉的综合作用效果,即:

$$EDT = (t_t - t_n) - 7.66(v_t - 0.15) \qquad (5-7)$$

式中　EDT——有效风感温度,℃;

t_t——工作区某点的空气温度,℃;

t_n——给定的室内空气温度,℃;

v_t——工作区某点的风速,m/s。

−1.7~1.1℃是使大多数人感到舒适的 EDT 范围。因此,可以使用 EDT 值落在该范围内的测点数占整个空间总测点数的百分比来衡量空气扩散性能的优劣,即 $ADPI$。这一指标将空气温度、气流速度与人的舒适感联系起来,公式如下:

$$ADPI = \frac{-1.7℃ < EDT < 1.1℃ \text{ 的测点数}}{\text{总测点数}} \times 100\% \quad (5\text{-}8)$$

如果 $ADPI = 100\%$,表示室内全部人员都感到舒适,但在高大空间建筑中这点不容易做到。通常,$ADPI$ 达到80%以上就可认为是令人满意的。

2. 多气流组织模型舒适性对比分析

为了横向比较前文构建的四个气流组织模型所营造的室内环境舒适性情况,同时考虑到场馆空间较大,计算较为烦琐,因此做下列简化:

(1)将模型平面图按照 3 m×3 m 的单元格进行分割;

(2)取 1.5 m 高度温度场云图中对应单元格的平均温度,和 1.5 m 高度速度场云图中对应单元格的平均速度;

(3)分别计算单元格的 EDT 值,计为 EDT_c,

$$EDT_c = (t_{tc} - t_n) - 7.66(v_{tc} - 0.15) \quad (5\text{-}9)$$

式中 EDT_c——单元格有效风感温度,℃;

t_{tc}——工作区单元格的平均空气温度,℃;

t_{nc}——给定的室内空气温度,本模型中为 25℃;

v_{tc}——工作区单元格的平均风速,m/s。

(4)使用 EDT_c 值落在−1.7~1.1℃范围内的单元格数占整个空间总单元格数的百分比来衡量空气扩散性能的优劣。

$$ADPI_c = \frac{-1.7℃ < EDT_c < 1.1℃ \text{ 的单元格数}}{\text{总单元格数}} \times 100\%$$

$$(5\text{-}10)$$

最终,四个模型的舒适性评价结果如表 5-5 所列。

表 5-5 舒适性评价结果

模型	工况	$ADPI_c$
模型一	单一回风口	66.7%
模型二	均匀分布回风口	77.8%
模型三	叠加植物潜热	55.6%
模型四	优化模型	81.5%

5.3.5 小结

针对复杂空间气流组织和热湿环境营造技术的研究,我们基于已有文献成果,采用 Fluent 软件对花博会复兴馆进行了气流组织建模,分别建立了设计模型(单一风口和均匀分布风口对照)、叠加植物潜热模型和优化模型下的四种气流组织模型,通过分析温度场、速度场的分布情况,得到如下结论:

(1)就展馆类具有高大空间的建筑而言,回风口均匀分布对于室内气流组织营造十分重要。

(2)依照设计条件,展馆作为常规的高大空间公共建筑,其中心区域的室内温度场与速度场通常均匀分布,可满足人员舒适性的要求,但两侧存在风速过慢的情况。

(3)将展览植物潜热叠加至地面发热量后,室内温度场分布不均的情况较为明显,平均温度提高 2～3℃,尤其风速过低区域的温度升高较为明显。

(4)在以考虑植物生长需求的策略运行展馆建筑条件下,提高风速过低区域的送风速度,可以有效缓解温度场和速度场分布不均的情况。

(5)采用 $ADPI_o$ 来衡量室内人员舒适性的达标情况,在优化模型情况下,场馆内 81.5% 的人员可感到舒适。

5.4 光伏建筑一体化高效利用技术研究

5.4.1 光伏系统初步设计评估

1. 项目概述

第十届花博会主场馆——复兴馆,按国家三星级绿色建筑和美国 WELL 健康建筑标准设计。复兴馆的建筑设计效果如图 5-36 所示。

图 5-36 复兴馆建筑设计效果图

复兴馆的经纬度为东经 121.4°、北纬 31.62°，朝向为南偏东 17°，其屋顶立面图和平面图见图 5-37。除图中红色区域外，其余的屋顶坡度均为 0.28，换算成角度为 15.6°，红色区域的屋顶坡度为 0.22，换算成角度为 12.4°，光伏可利用的屋顶面积近 29 000 m²。

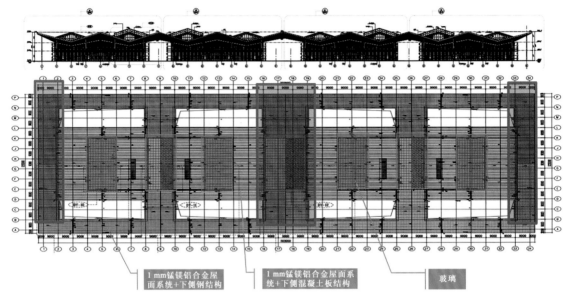

1 mm锰镁铝合金屋面系统+下侧钢结构　　1 mm锰镁铝合金屋面系统+下侧混凝土板结构　　玻璃

图 5-37　复兴馆屋顶立面图和平面图

此次第十届花博会关于建筑新技术的应用目标是：建立兼具展示性、示范性、教育性和实用性的地域气候适用型光伏建筑一体化高效利用技术体系。

围绕项目的功能和技术目标，通过调研、模拟、项目预评估等手段开展深入研究。

2. 初步设计分析

首先，采用 Meteonorm 软件[①]（V7.3 版本）对复兴馆的日照资源数据进行分析，并建立当地的数据库。将该数据导入 PVsyst 软件[②]（英文版），其地理位置和气候数据如图 5-38 所示。

其次，设置光伏系统的基本参数，软件设置页面如图 5-39 所示。其中，软件设置页面左侧三个选项分别为光伏组件面积、光伏组件装机容量、光伏组件年发电量，属于三选一选项，软件内部已设置好各选项之间的转换公式。本研究选取光伏组件面积这个选项，由于复兴馆屋顶有两个面的不同角度，且在软件中同时对两个面进行发电量模拟易造成误差，故将屋

---

①　Meteonorm 是一个气象数据库和软件工具，用于模拟和分析全球气象数据，是光伏仿真、光热、能耗等领域广泛使用的一款软件。

②　PVsyst 是目前光伏系统设计领域比较常用的软件之一，是一款光伏系统辅助设计软件，用于指导光伏系统设计及对光伏系统进行发电量模拟计算。

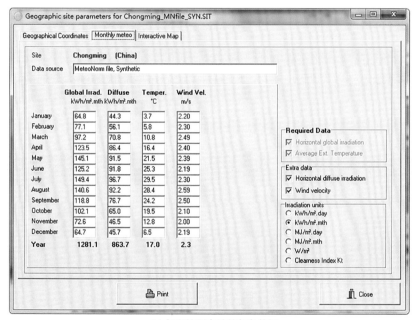

(a) 复兴馆地理位置信息

(b) 复兴馆所在地的气象数据

图 5-38　复兴馆所在地的地理位置及气象数据(英文版软件)

顶分为两个面分别进行模拟,一个称为近东侧,一个称为近西侧,且每个面暂时按照全铺方式进行初步设计分析,近东侧和近西侧的面积各为14 500 m²。软件设置页面右侧为确定光伏阵列倾角,点开显示最优化按钮(Show Optimisation),在优化依据栏会有全年最优、夏季最优和冬季最优三个选项,光伏阵列并网发电系统默认选择全年最优,独立光伏系统默认选择冬季最优,水泵系统默认选择夏季最优。由于复兴馆项目屋面坡度有两个参数,为了简化,统一采用坡度 0.28(即角度 15.6°)的参数。

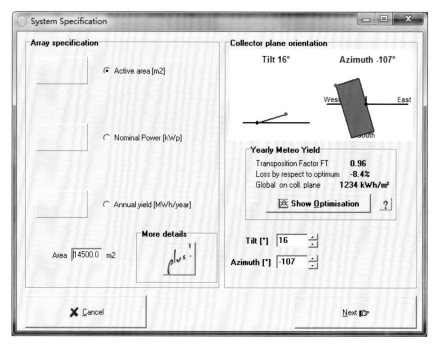

图 5-39　复兴馆近东侧光伏系统参数设置(英文版软件)

　　最后,需要选择光伏组件类型、光伏组件技术种类、光伏组件安装类型和光伏组件通风类型。图 5-40 为复兴馆近东侧光伏系统类型参数设置,光伏组件类型选标准型,光伏组件技术种类选择多晶硅,光伏组件安装类型选择有倾角的屋顶,光伏组件通风类型选择通风。

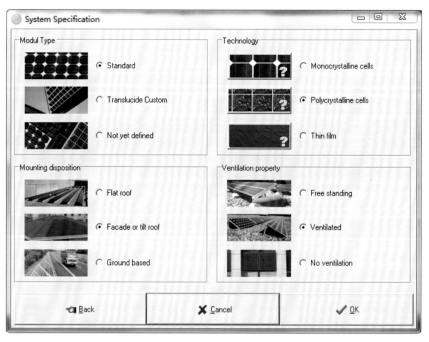

图 5-40　复兴馆近东侧光伏系统类型参数设置(英文版软件)

以上参数都设定后，软件就会得出初步设计结果，主要的参数有水平面全局辐射、倾斜面全局辐射、发电量和系统输出能量。图 5-41 为复兴馆屋顶面接收太阳辐射逐月分布结果，图 5-42 为复兴馆近东侧光伏系统逐月发电结果。

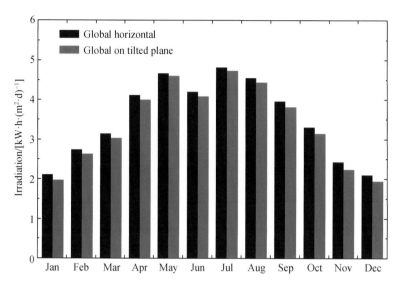

图 5-41 复兴馆近东侧水平面和倾角屋顶面接收太阳辐射逐月日平均情况(英文版软件)

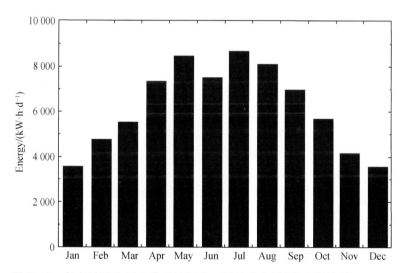

图 5-42 复兴馆近东侧光伏系统逐月日平均发电量(英文版软件)

从软件仿真的结果可以看出，复兴馆近东侧倾角屋顶部分在一年中接收太阳辐射量低于水平面接收太阳辐射量，且光伏系统 7 月发电量最高，12 月发电量最低，经计算平均每天的发电量约为 6 180 kW·h，年发电量达到 2 255 804 kW·h，装机容量为 2 175 kWp，且每 1 kWp 的发电量为 1 037 kW·h。

同样地,按以上方法对复兴馆近西侧屋顶进行参数设置,其光伏系统的参数设置详见图 5-43,其他设置步骤同近东侧,光伏阵列并网发电系统的初步仿真结果分别如图 5-44、图 5-45 所示。

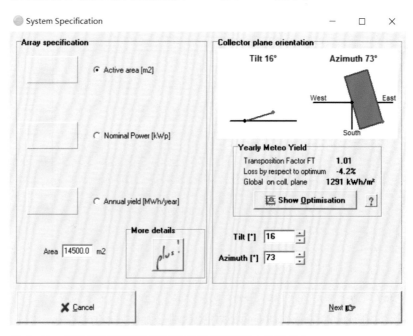

图 5-43　复兴馆近西侧光伏系统参数设置(英文版软件)

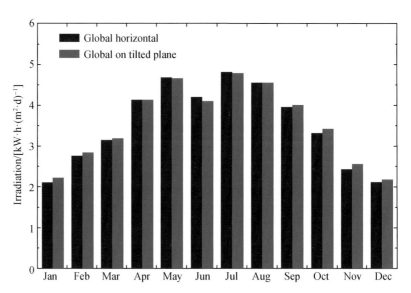

图 5-44　复兴馆近西侧水平面和倾角屋顶面接收太阳辐射逐月日平均情况(英文版软件)

从软件仿真的结果可以看出,复兴馆近西侧倾角屋顶部分在一年中接收太阳辐射量与水平面接收太阳辐射量基本持平,但春秋季屋顶接收太阳辐射量略高于水平面。从光伏系统发电量的结果可以看出,复兴馆近西侧 7 月发电量最高,12 月发电量最低,经计算平均每天的发电量约

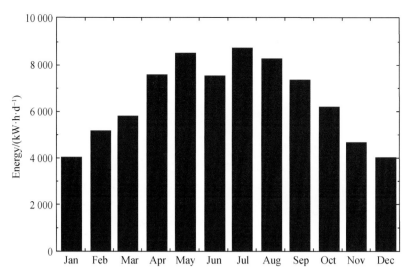

图5-45 复兴馆近西侧光伏系统逐月日平均发电量(英文版软件)

为6 466 kW·h,年发电量达到2 360 038 kW·h,装机容量为2 175 kWp,且每1 kWp的发电量为1 085 kW·h。

将以上各光伏阵列发电量仿真预测结果进行统计(表5-6),可以看出整个光伏系统每个月的发电量和一年的发电量,以及近东侧和近西侧的相关参数对比。

表5-6 全年发电量预测

内容			近东侧	近西侧
逐月及 全年发 电量/kW·h		一月	110 320	124 040
		二月	133 317	144 113
		三月	170 331	178 854
		四月	219 130	226 104
		五月	260 147	262 560
		六月	224 802	224 628
		七月	268 485	269 855
		八月	250 762	255 993
		九月	209 143	219 119
		十月	176 486	192 311
		十一月	123 290	138 939
		十二月	109 591	123 521
		全年	2 255 804	2 360 037
装机容量/kWp			2 175	2 175
每1 kWp的发电量/kW·h			1 037	1 085

从表 5-5 可知,复兴馆近西侧屋面的发电效果优于近东侧,近西侧每 1 kWp 的发电量较近东侧提高了 48 kW·h,提升幅度约为 4.63%。故在铺设光伏板的屋面选择上,优先选择近西侧。

5.4.2 光伏系统设计与模拟仿真

1. 光伏方阵布局

遵循展示性、示范性、教育性和实用性的设计原则,复兴馆光伏系统选择在人流量较大的天窗玻璃处采用幕墙双玻组件,从而兼顾了以上各点要求。基于前文的分析,选择在复兴馆近西侧方向布置光伏板,故光伏方阵布局详见图 5-46 中黄色部分。

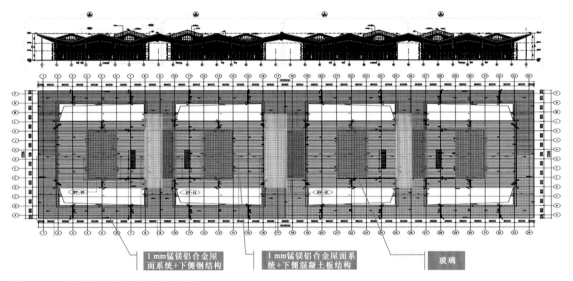

图 5-46 复兴馆屋顶光伏方阵布局

按照设计要求,总装机容量为 132.75 kWp,图 5-46 从左至右依次编号为 1、2、3,各区域装机容量分别为 35.7 kWp、61.35 kWp 和 35.7 kWp。

2. 发电量仿真

将经过计算、分析后所选取的光伏组件、逆变器等的详细参数在 PVsyst 软件(汉化版)内进行设置,最终得出仿真结果:系统年平均发电量为 134.96 MW·h,光伏系统的发电效率为 79.9%,如图 5-47 所示。

经软件模拟计算分析得到,可再生能源发电量占比为 3.1%,节能效果显著。

如图 5-48 所示为系统仿真得到的每月每日的能量利用与损失情况,红色部分为系统有效发电量,紫色部分为光伏组件损失,绿色部分为系统损失(逆变器为主)。从图 5-48 可以看出,光伏组件损失占比较大,且每月浮动较多,4—9 月光伏组件损失较高,而逆变器损失各月之间浮动不大,保持稳定。

	GlobHor/ (kW·h·m⁻²)	DiffHor/ (kW·h·m⁻²)	T_Amb/ ℃	GlobInc/ (kW·h·m⁻²)	GlobEff/ (kW·h·m⁻²)	EArray/ MW·h	E_Grid/ MW·h	PR
1月	64.8	44.30	3.69	67.1	59.7	7.58	7.43	0.841
2月	77.1	56.06	5.83	79.3	71.7	9.01	8.84	0.847
3月	97.2	70.83	10.84	97.7	89.2	10.88	10.66	0.829
4月	123.5	86.36	16.38	123.1	113.4	13.42	13.15	0.812
5月	145.1	91.53	21.53	142.5	132.2	15.12	14.80	0.789
6月	125.2	91.81	25.27	121.9	112.7	12.86	12.58	0.785
7月	149.4	96.65	29.47	145.3	134.9	14.96	14.63	0.765
8月	140.6	92.18	28.36	140.4	129.7	14.52	14.22	0.770
9月	118.8	76.73	24.23	120.1	109.9	12.58	12.32	0.780
10月	102.1	65.02	19.48	104.6	94.8	11.16	10.93	0.794
11月	72.6	46.47	12.81	75.9	68.0	8.28	8.11	0.812
12月	64.7	45.73	6.47	66.4	59.2	7.46	7.30	0.836
年	1 281.2	863.66	17.10	1 284.1	1 175.6	137.83	134.96	0.799

GlobHor—水平面总辐射量；
DiffHor—水平面散射辐射量；
T_Amb—环境温度；
GlobInc—入射采光面上的总的辐射；
GlobEff—修正遮挡和IAM损失后的有效总辐射；

EArray—阵列输出的有效能量；
E_Grid—并网电量；
PR—系统效率

图 5-47 年发电量仿真结果(汉化版软件)

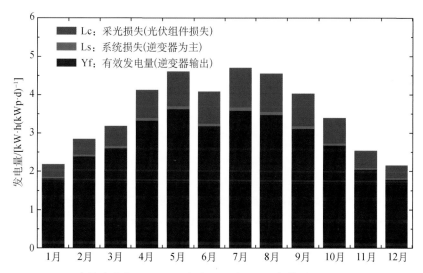

图 5-48 系统仿真全年逐月逐日发电量损失(汉化版软件)

图 5-49 所示为系统每个月的光电转换效率,平均年转换效率约为 79.9%,1 月至 12 月中最高转换效率约为 84%。

图 5-50 所示为仿真软件得到的光伏系统从接收辐射量、光电转换到输出电量全过程的损失。分析得出,在整个光伏系统损失中,阴影等原因造成了最大的发电量损耗,因此避免阴影遮挡能够在很大程度上提高光伏电池转换的效率。除此之外,在排除了组件及逆变器造成的不可避免的损失之后,组件的温度等也对光电转换效率有较大影响,故在设计时应考虑组件的通风环境,从而保证发电效率。

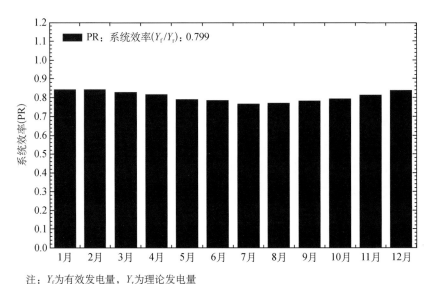

注：Y_f为有效发电量，Y_r为理论发电量

图 5-49　系统每个月的光电转换效率(汉化版软件)

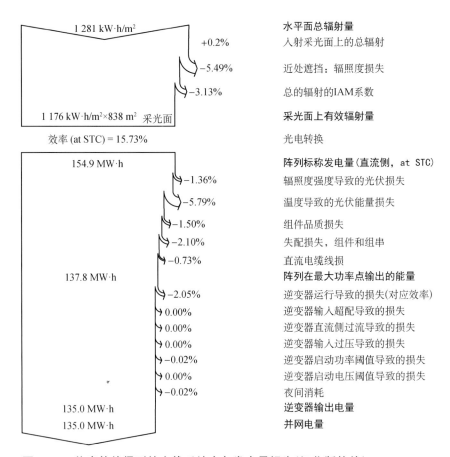

图 5-50　仿真软件得到的光伏系统全年发电量损失(汉化版软件)

3. 环境效益分析

CO_2是造成全球气候变暖的主要原因之一，海平面上升、恶劣气候频率增加、环境破坏等一系列问题都是由此引发的。我国为应对全球气

候变化，提出"二氧化碳排放力争于 2030 年前达到峰值，努力争取 2060 年前实现碳中和"的庄严目标承诺。可再生能源基本不会产生碳排放量，环境效益显著。

PVsyst 软件（汉化版）中的碳平衡模块可以对光伏装置的 CO_2 减排量进行估算，估算过程主要取决于年发电总量、系统寿命、电网中产生单位电量所排放的 CO_2 平均量值以及光伏装置的生产和建造过程中所产生的 CO_2 排放总量等因素。通过软件计算，得到复兴馆光伏系统的碳平衡结果，如图 5-51 所示。

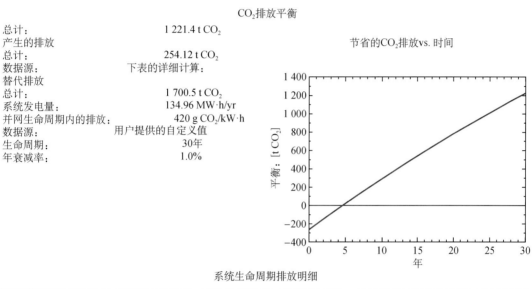

CO_2 排放平衡

总计：	1 221.4 t CO_2
产生的排放	
总计：	254.12 t CO_2
数据源：	下表的详细计算：
替代排放	
总计：	1 700.5 t CO_2
系统发电量：	134.96 MW·h/yr
并网生命周期内的排放：	420 g CO_2/kW·h
数据源：	用户提供的自定义值
生命周期：	30年
年衰减率：	1.0%

节省的CO_2排放vs. 时间

系统生命周期排放明细

项目	LCE	数量	小计
			[kgCO_2]
组件	1 713 kg CO_2/kWp	132 kWp	225 360
支架	5.27 kg CO_2/kg	5 160 kg	27 190
逆变器	522 kg CO_2/单位	3.00单位	1 566

图 5-51 PVsyst 得到的碳平衡计算结果（汉化版软件）

注：图中"小计"结果为软件自动计算得出。

根据上海市生态环境局公开发布的《关于调整本市温室气体排放核算指南相关排放因子数值的通知》（沪环气〔2022〕34 号），电力碳排放因子取 0.42 kg CO_2/kW·h。由图 5-51 可知，光伏系统的生命周期假定是 30 年，系统组件、支架、逆变器等共产生碳排放 254.12 t CO_2，考虑到光伏组件性能的年衰减效率，在光伏系统寿命内累计减少 1 700.5 t CO_2 的排放，环境改善效益显著。

5.5　基于植物和人员需求的展馆空调负荷预测和绿色用能指标研究

景观展览温室是利用现代科技，通过人工创造适宜的气候条件栽培和保护植物资源,用于科研或公众展示、休闲的绿色空间场所。中国景观展览温室始于 1999 年的昆明世界园艺博览会的植物温室,它的建设促进了国内景观展览温室的深入研究,掀起了一轮建设高潮。2000 年,北京植物园大型景观展览温室万生苑正式对外开放,建筑面积为 9 500 m²,最大跨度为 55 m,建筑最高点达 20 m。

随着社会的发展,不断深入地对植物栽培技术的研究、新的商业模式的应用,以及新技术和新材料研究成果的推广,均对景观展览温室的创新和突破起到了极大的推动作用。但景观展览类温室的负荷情况模糊、用能水平不明确,如何在兼顾人的舒适性需求与植物生长的同时,做到绿色、精准用能,仍是一个待解决的问题。

基于第十届花博会展期室外气象参数的日较差和昼夜温差变化较大的特征,通过建筑围护结构和机电系统等参数分析,利用 eQUEST 软件建立建筑动态能耗分析模型,同时通过文献研究,了解典型展览植物的散湿情况,在建模过程中考虑植物散湿影响,开展多种运行模式下的空调负荷需求和用能特性研究,建立与季节、昼夜工况相适应的展馆用能精准预测技术,探索建立绿色展馆合理用能指标基准,以服务于花博会展馆建筑的建设使用功能。

5.5.1 能耗模型设置

第十届花博会园区中的复兴馆在展会时承担了各省(区、市)、深圳市、港澳台地区的室内布展功能。馆内分为 A、B、C、D 四个展区,各自设置了不同省市的植物展位,如图 5-52 所示。

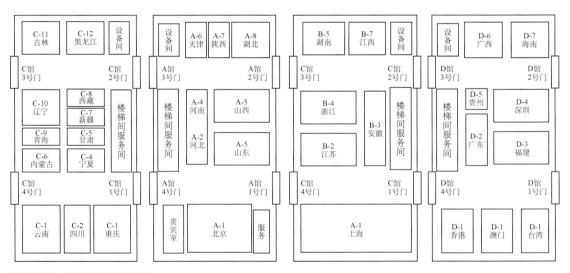

图 5-52 复兴馆内展位图

对于复兴馆能耗模拟,本书采用了能耗分析软件 eQUEST 分别对常规模型、绿色设计模型和部分负荷运行工况下的能耗模型进行了全年 8 760 个小时的能耗模拟,并进行了能耗差异比较。

本次针对复兴馆共设置了四种工况开展能耗建模,概况如表 5-7 所列。

表 5-7 不同工况下的能耗模型及其特征

工况	模型	模型特征
一	常规模型	变风量系统和定风量系统的风机功率按照《公共建筑节能设计标准》(GB 50189—2015)中单位风量耗功率的要求计算;围护结构热工、室内设计、照明、设备、人员及时间表等参数与设计资料保持一致
二	绿色设计模型	参数设置与设计资料保持一致,绿色建筑三星级认证
三	绿色设计且部分人员负荷运行模型	参数设置与设计资料保持一致,绿色建筑三星级认证,人员负荷按照工作日 50%、周末及节假日满负荷设置
四	叠加植物潜热负荷,部分人员负荷运行模型	考虑参展植物潜热散湿负荷,空调 24 小时运行,人员负荷按照工作日 50%、周末及节假日满负荷设置

四种工况的空调系统参数设置如表 5-8 所列。

表 5-8 四种工况的空调系统参数设置

类别	工况一	工况二至工况四
冷热源	风冷热泵机组:制冷量 130 kW,制热量 90 kW,COP=2.9,56 台	风冷热泵机组:制冷量 130 kW,制热量 90 kW,COP=3.09,56 台
	多联机:$IPLV$ 按照《公共建筑节能设计标准》(GB 50189—2015)选取,$IPLV$=3.95	多联机:$IPLV$=5.5
冷冻水供回水温	7~12℃	7~12℃
热水供回水温	40~45℃	40~45℃
水泵	定频	冷冻水泵:变频,效率 75%;热水水泵:变频,效率 70%
风机单位风量耗功率	风机定频:风机单位风量耗功率按照《公共建筑节能设计标准》(GB 50189—2015)选取。定风量全空气系统:0.27 W/(m³·h⁻¹)	风机变频:风机单位风量耗功率按照能效测评报告选取。定风量全空气系统:0.23 W/(m³·h⁻¹)

工况 3 在工况 2(采用绿色建筑技术)的基础上,优化了建筑空调系统的运行策略。在人员负荷方面,工况 3 按工作日人员流量为 50%,周末及节假日人员流量为 100%进行设置,对应人员流量调整设备开启时刻表。

工况 4 在工况 3 即考虑工作日人员部分符合运行的基础上,研究了植物散湿对建筑负荷和用能的影响,在模型计算中加入了植物散湿量作为潜热负荷。潜热负荷附加区域如图 5-53 所示。

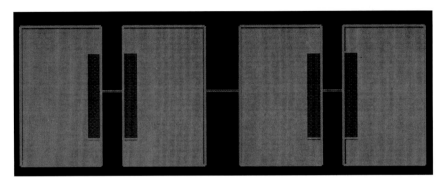

图 5-53　考虑植物散湿负荷作用的区域(灰色)

同时,在空调系统夜间运行方面,复兴馆在花博会展出期间,参展植物一直放置在展厅内。白天室内热湿环境主要以参观人员的舒适性为主要考量,并且此环境可满足植物的正常生长需求。夜间为了让植物能保持良好的生长状态,考虑模拟温室环境,对空调系统设计参数及电气设备使用率进行优化。夜间空调送风温度为 18℃,湿度为 70%,电气设备处于常开状态。

5.5.2　植物潜热折算方法

采用 eQUEST 软件进行建筑能耗模拟时,软件会根据输入的人员、照明、设备等内扰自动计算室内潜热及显热负荷,通常不需要手动调整。但复兴馆为植物展览类建筑,植物因为散湿使得环境中湿度变大,所以植物增湿影响不能忽视,鉴于此就需要首先确定植物的增湿情况,并选取适合的方法将增湿量加入能耗模型。

1. 叶面积指数与增湿量

为研究不同植物的增湿量差异,本研究在乔木、灌木和藤本三类植物中选取几种植物,比较在不用叶面积指数下的增湿量。

叶面积指数(LAI),亦称叶面积系数,是指单位土地面积上植物叶片总面积占土地面积的倍数。它与植被的密度、结构(单层或复层)、树木的生物学特性(分枝角、叶着生角、耐阴性等)和环境条件(光照、水分、土壤营养状况)有关,是表示植被利用光能状况和冠层结构的一个综合性指标。

由图 5-54 可知,乔木和灌木的叶面积指数普遍高于藤本植物;随着叶面积指数的增加,乔木和藤本的增湿量也逐步变大,但灌木的增湿量有下降趋势。

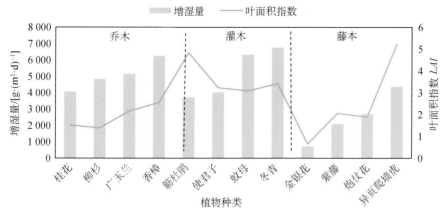

图 5-54 植物叶面积指数与增湿量对比

复兴馆内展览的植物品种众多，乔木、灌木、藤本植物不论从植株形状、叶面积大小和增湿效果方面都差异较大，想通过植物种类来确定增湿量并加入能耗模型这种方法较难实现。

2. 典型增湿量确定

通过实地调研后发现，复兴馆内部植物展示多以中小型盆栽为主，部分造型利用大型植株或小型藤蔓附着方式，如图 5-55 所示。

(a)北京市展区实景

(b)上海市展区实景

图 5-55 复兴馆内部分展区展示植物

典型植物种类的增湿量最小值、最大值、均值和中位值如表 5-9 所列。

表 5-9 典型植物种类的增湿量

植物种类	增湿量/[g·(m²·d)⁻¹]	
乔木	最小值	510
	最大值	3 410
	均值	1 769
	中位值	1 650
灌木	最小值	340
	最大值	4 560
	均值	2 001
	中位值	1 864
藤本	最小值	500
	最大值	6 951
	均值	2 882
	中位值	2 619

考虑到展览植物体型适中,且为间距摆放,选取增湿量 2 000 g/(m²·d)作为植物潜热附加变量加入能耗模型内,并集中设置在除服务区以外的位置,而服务区、楼梯间和 VIP 室等位置按照常规能耗模型参数输入条件。

植物潜热换算按式(5-11)计算:

$$LHG_{PL} = \frac{\Delta d / 3\ 600}{\text{人员功率密度}} \qquad (5-11)$$

式中 LHG_{PL}——等效换算成的人员潜热散热量,W/人;

　　　Δd——植物增湿量,g/(m²·d)。

成年男子的显热散热量为 61 W/人,潜热散热量为 73 W/人。在本研究中,将植物增湿量等效换算为人员潜热散热量,换算结果为 207.5 W/人,与原有的人员潜热量加和后带入模型,作为人员的潜热散热量,并调整对应的显热散热量。

5.5.3 模拟结果分析

1. 峰值负荷

植物散湿潜热的叠加会对模型负荷产生影响,工况三和工况四的能耗模型峰值负荷对比如图 5-56 所示。由于 7—9 月这三个月空调系统只考虑供冷,故只有冷负荷。12—2 月这三个月只考虑供热,故只有热负荷。

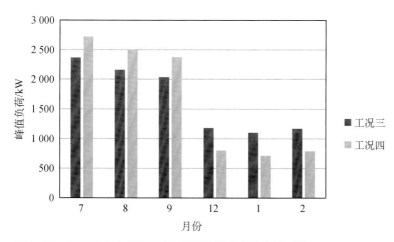

图 5-56 工况三和工况四典型月能耗模型峰值负荷对比

从图 5-56 中典型月峰值冷负荷来看,在能耗模型中增加植物散湿潜热,造成模型工况中 7—9 月峰值冷负荷增长。结合前文植物散湿调研,植物在夏季有降温增湿的效果,使得室内湿度增大,峰值冷负荷上升。

从图 5-56 中典型月峰值热负荷来看,在能耗模型中增加植物散湿潜热,造成模型工况中 12—2 月峰值热负荷降低,植物的增湿效果是造成热负荷下降的主要原因。

2. 能效指标

复兴馆建筑四种工况模型的全年单位面积能耗指标对比如图 5-57 所示。

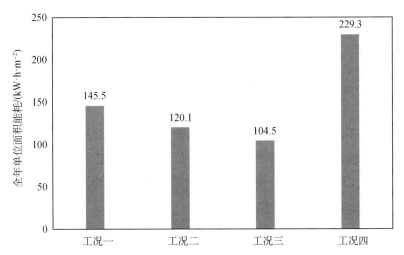

图 5-57 四种工况模型全年单位面积能耗指标对比

经模拟分析发现,通过采用高效的风冷热泵、多联机、变频水泵等节能措施,实现了复兴馆供暖通风空调系统全年单位面积能耗由 145.5 kW·h/m² 降至 120.1 kW·h/m²,节能率为 17.46%。在此基础上通过工作日及双休日人流负荷预测,进行空调运行精准调控,复兴馆全年单位面积能耗进一步下降至 104.5 kW·h/m²。针对复兴馆植物展览的特征,在模拟中将植物潜热散湿叠加计算,并考虑夜间空调运行和部分人员负荷设置,复兴馆全年单位面积能耗为 229.3 kW·h/m²,该结果可为植物展馆能耗指标预测提供参考。

5.5.4 小结

本节研究基于文献调研,总结概括了植物展馆空调设计及植物蒸腾散湿作用的研究现状,采用 eQUEST 软件对花博会复兴馆进行能耗建模,分别建立了四种工况下的能耗模型,研究采用常规空调系统、绿色节能技术、绿色节能技术和人流负荷控制及在此基础上叠加植物散湿潜热并夜间运行空调四种工况下的复兴馆全年能耗指标与负荷变化情况,得到如下结论:

(1)通过采用高效的风冷热泵、多联机、变频水泵等节能措施,实现复兴馆供暖通风空调系统全年能耗节能 17.46%,复兴馆供暖通风空调系统全年单位面积能耗由 145.5 kW·h/m² 降至 120.1 kW·h/m²。

(2)绿色建筑设计配合人员工作日部分负荷运行策略,可进一步降低复兴馆全年单位面积能耗至 104.5 kW·h/m²。

（3）对于植物展馆类建筑,植物的蒸腾散湿作用在夏季使得室内湿度增大,峰值冷负荷增大,在冬季造成热负荷降低。

（4）植物展馆需兼顾植物生长需求和参观人员舒适性的要求,如果展出周期较长,空调系统考虑全天运行,白天空调系统设计参数可参考标准,夜间空调送风温度建议为18℃、湿度建议为70%。

（5）本项目选取增湿量2 000 g/(m² · d)作为植物潜热负荷,并将其加入植物展馆能耗模型。考虑到空调系统运行策略及部分人员负荷设置,全年单位面积能耗为229.3 kW · h/m²,该结果可为植物展馆能耗指标预测提供参考。

5.6 展馆室内空气质量及热舒适实效评估

5.6.1 评估依据

复兴馆和世纪馆作为第十届花博会的核心建筑,设计目标是不仅将建筑自身建设成为世界级绿色生态建筑,还能为观展者和工作人员提供健康舒适的建筑环境。因此,在绿色设计的基础上,复兴馆和世纪馆兼顾建筑本身绿色节能以及建筑使用者的感受,进一步提升项目的健康性能和舒适性能。在采用绿色低碳技术的条件下,展馆应保证其室内空气品质、热舒适仍能满足人员和植物舒适性和健康性的要求,且不以牺牲室内环境品质为代价来达到绿色低碳的目标。考虑到复兴馆和世纪馆按国家三星级绿色建筑和美国WELL标准设计,因此,本次实效评估以WELL标准限值及相关检测方法为依据。

WELL建筑评价标准由国际健康建筑学会(International WELL Building Institute,IWBI)于2014年推出,是世界上首部以人员健康舒适度为评价核心的建筑评价标准。相比于绿色建筑认证体系以打造高品质绿色建筑为主旨,WELL认证体系更侧重于室内设计性能的提升来改善居住者的健康和舒适性。目前,WELL项目的认证管理由绿色商业认证公司(Green Business Certification Inc,GBCI)负责。2015年3月,GBCI和IWBI正式将WELL标准引入中国,并于2018年5月发布了WELL V2试用版标准。

WELL建筑标准包含10大概念,可以有效改善人体的11大生理系统。该标准的特色在于立足医学研究成果,探索建筑与其使用者的健康之间的关系,以便让建筑使用者更了解建筑空间设计,且如他们所预期的那样运行。同时,WELL建筑标准是一个基于性能的标准,需要对空气、水、营养、光线、健康、舒适和理念等建筑环境特征进行测量、认证和监测。

本次健康展馆WELL监测评估依据的标准及文件主要有《WELL

建筑标准》(*WELL Building Standard*)、《WELL 性能核验指南》(*WELL Performance Verification Guidebook*)、《居住区大气中苯、甲苯和二甲苯卫生检验标准方法 气相色谱法》(GB 11737—1989)和《室内空气质量标准》(GB/T 18883—2002)。

5.6.2 评估方案

本次评估为了兼顾展馆的观众舒适性、植物生长环境等多方面因素,选取空气及热舒适的关键指标进行监测,具体包括:①空气质量指标($PM_{2.5}$、CO_2、TVOC、苯、二甲苯);②热舒适指标(温度、湿度、风速)。

本次监测中,空气质量指标($PM_{2.5}$、CO_2、TVOC、苯、二甲苯)和热舒适指标(温度、湿度、风速)数据采样点的点位平面图如图 5-58—图 5-61 所示。

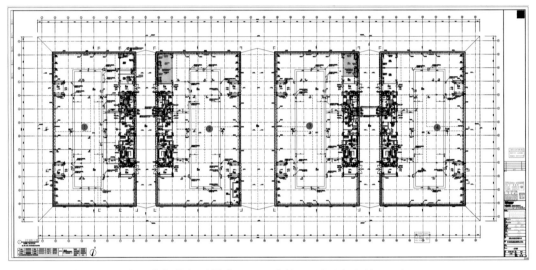

图 5-58 空气质量、热舒适指标数据采样点(1~4)点位平面图(复兴馆一层)

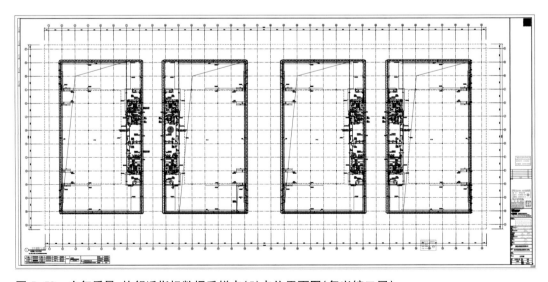

图 5-59 空气质量、热舒适指标数据采样点(5)点位平面图(复兴馆二层)

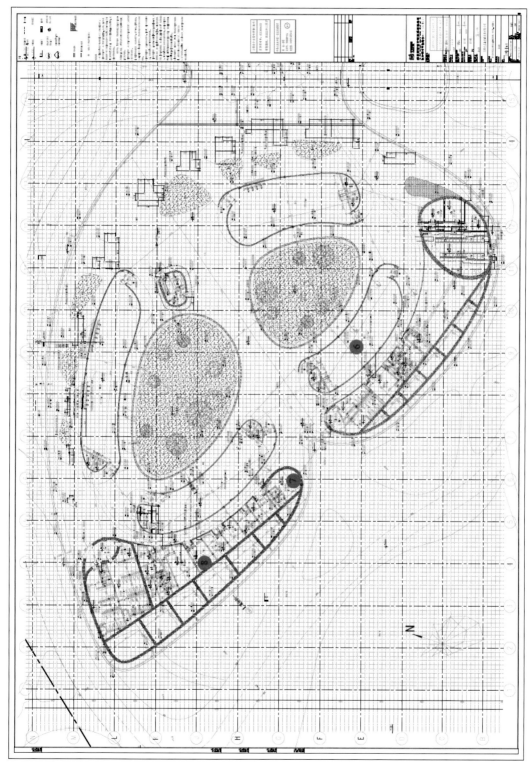

图 5-60 空气质量指标和热舒适指标数据采样点(6~8)点位平面图(世纪馆西段)

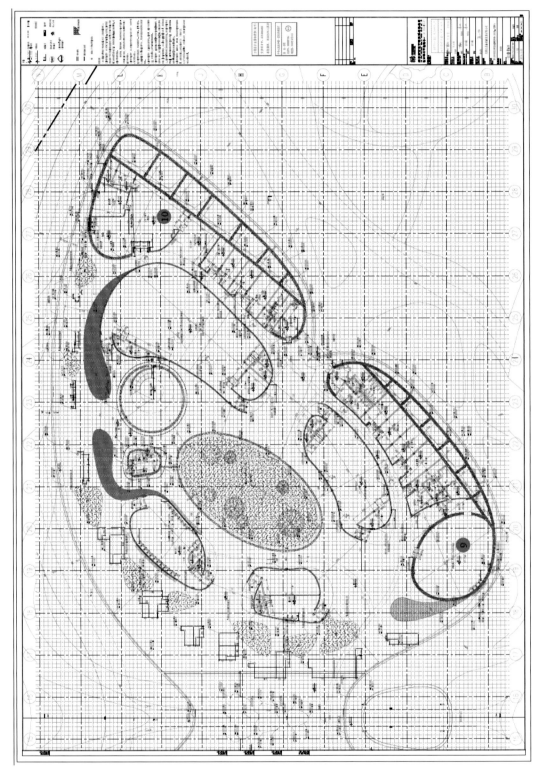

图 5-61 空气质量指标和热舒适指标数据采样点（9~10）点位平面图（世纪馆东段）

5.6.3 监测结果分析

1. 空气质量指标监测结果及分析

空气质量指标中 $PM_{2.5}$、CO_2 的监测结果见表 5-10 和表 5-11，TVOC、苯、二甲苯的监测结果见表 5-12。

表 5-10 空气质量指标($PM_{2.5}$、CO_2)监测结果 1

序号	采样点名称	$PM_{2.5}/(\mu g \cdot m^{-3})$	CO_2/ppm
1	复兴馆 A 区展馆中央	29	618
2	复兴馆 B 区展馆中央	26	628
3	复兴馆 C 区展馆中央	32	606
4	复兴馆 D 区展馆中央	33	536
5	复兴馆 A 区二层办公室	103	726
6	世纪馆植物展厅	108	560
7	世纪馆员工休息室 1	69	630
8	世纪馆员工休息室 2	73	611
9	世纪馆中国移动展厅	48	629
10	世纪馆办公区	34	723

注：指标监测采样日期 2021 年 5 月 27 日。

表 5-11 空气质量指标($PM_{2.5}$、CO_2)监测结果 2

序号	采样点名称	$PM_{2.5}/(\mu g \cdot m^{-3})$	CO_2/ppm
1	复兴馆 A 区展馆中央	16	604
2	复兴馆 B 区展馆中央	11	596
3	复兴馆 C 区展馆中央	22	721
4	复兴馆 D 区展馆中央	13	645
5	复兴馆 A 区二层办公室	12	524
6	世纪馆植物展厅	11	618
7	世纪馆员工休息室 1	13	637
8	世纪馆员工休息室 2	28	532
9	世纪馆中国移动展厅	16	559
10	世纪馆办公区	18	564

注：指标监测采样日期 2021 年 6 月 25 日。

表 5-12　空气质量指标(TVOC、苯、二甲苯)监测结果

采样点名称	采样起止时间	样品编号	检测项目	单位	检出限	检测结果	限值
复兴馆 D 区展馆中央	10:50—11:35	A76334506-1-1	TVOC	mg/m^3	0.001 0	0.194 0	0.500
		A76334506-2-1	苯	mg/m^3	0.001 5	<0.001 5	0.003
			二甲苯	mg/m^3	0.001 5	0.005 2	0.350
复兴馆 A 区展馆中央	10:50—11:35	A76335506-1-1	TVOC	mg/m^3	0.001 0	0.122 0	0.500
		A76335506-2-1	苯	mg/m^3	0.001 5	<0.001 5	0.003
			二甲苯	mg/m^3	0.001 5	<0.001 5	0.350
复兴馆 B 区展馆中央	11:53—12:38	A76336506-1-1	TVOC	mg/m^3	0.001 0	0.114 0	0.500
		A76336506-2-1	苯	mg/m^3	0.001 5	<0.001 5	0.003
			二甲苯	mg/m^3	0.001 5	<0.001 5	0.350
复兴馆 C 区展馆中央	11:57—12:42	A76337506-1-1	TVOC	mg/m^3	0.001 0	0.082 0	0.500
		A76337506-2-1	苯	mg/m^3	0.001 5	<0.001 5	0.003
			二甲苯	mg/m^3	0.001 5	0.006 6	0.350
复兴馆 A 区二层办公室	11:05—11:50	A76338506-1-1	TVOC	mg/m^3	0.001 0	0.281 0	0.500
		A76338506-2-1	苯	mg/m^3	0.001 5	<0.001 5	0.003
			二甲苯	mg/m^3	0.001 5	0.007 8	0.350
世纪馆植物展厅(食中芊影馆)	14:30—15:15	A76339506-1-1	TVOC	mg/m^3	0.001 0	0.138 0	0.500
		A76339506-2-1	苯	mg/m^3	0.001 5	<0.001 5	0.003
			二甲苯	mg/m^3	0.001 5	<0.001 5	0.350
世纪馆员工休息室	14:33—15:18	A76340506-1-1	TVOC	mg/m^3	0.001 0	0.284 0	0.500
		A76340506-2-1	苯	mg/m^3	0.001 5	<0.001 5	0.003
			二甲苯	mg/m^3	0.001 5	<0.001 5	0.350
世纪馆员工休息室	14:35—15:20	A76341506-1-1	TVOC	mg/m^3	0.001 0	0.103 0	0.500
		A76341506-2-1	苯	mg/m^3	0.001 5	<0.001 5	0.003
			二甲苯	mg/m^3	0.001 5	<0.001 5	0.350
世纪馆中国移动展厅	13:39—14:24	A76342506-1-1	TVOC	mg/m^3	0.001 0	0.477 0	0.500
		A76342506-2-1	苯	mg/m^3	0.001 5	<0.001 5	0.003
			二甲苯	mg/m^3	0.001 5	0.024 7	0.350

从上述结果可以得出以下结论:

(1) 复兴馆、世纪馆的空气质量指标中,各采样点的 CO_2 浓度分布在 524～726 ppm 之间,均低于 750 ppm,展馆内 CO_2 浓度适合人员活动,也说明花博会园区展馆的新风量及换气次数设计合理,达到使用预期。

(2) 各采样点的 TVOC、苯、二甲苯的浓度均低于标准限值,说明花博会园区展馆的挥发性有机污染物浓度得到了有效控制,室内装饰装修材料及通风设计均达到预期效果。

（3）各采样点的 $PM_{2.5}$ 浓度监测结果差异较大,其中 2021 年 5 月 27 日的监测数据中,5~8 号采样点(依次为:复兴馆 A 区二层办公室、世纪馆植物展厅、世纪馆员工休息室 1、世纪馆员工休息室 2)的 $PM_{2.5}$ 浓度均超过 50 $\mu g/m^3$,主要原因在于开园初期办公室、世纪馆植物展厅、员工休息室人员较多,空气净化能力不足。经过优化后,在 2021 年 6 月 25 日的监测数据中,各采样点的 $PM_{2.5}$ 浓度最大值仅为 28 $\mu g/m^3$,颗粒物浓度适宜,满足预期水平。

2. 热舒适指标监测结果及分析

热舒适指标(温度、湿度、风速)的监测结果见表 5-13 和表 5-14。

表 5-13　热舒适指标(温度、湿度、风速)监测结果 1

序号	采样点名称	温度/℃	湿度	风速/(m·s⁻¹)
1	复兴馆 A 区展馆中央	22.85	65.0%	0.20
2	复兴馆 B 区展馆中央	22.13	75.7%	0.05
3	复兴馆 C 区展馆中央	23.83	82.4%	0.13
4	复兴馆 D 区展馆中央	22.56	69.4%	0.07
5	复兴馆 A 区二层办公室	22.03	72.2%	0.19
6	世纪馆植物展厅	23.28	74.0%	0.05
7	世纪馆员工休息室 1	23.76	71.0%	0.01
8	世纪馆员工休息室 2	23.50	76.5%	0.04
9	世纪馆中国移动展厅	25.57	68.8%	0.10
10	世纪馆办公区	23.28	69.4%	0.03

注:指标监测采样日期 2021 年 5 月 27 日。

表 5-14　热舒适指标(温度、湿度、风速)监测结果 2

序号	采样点名称	温度/℃	湿度	风速/(m·s⁻¹)
1	复兴馆 A 区展馆中央	25.30	59.4%	0.20
2	复兴馆 B 区展馆中央	25.26	62.4%	0.17
3	复兴馆 C 区展馆中央	24.75	53.8%	0.13
4	复兴馆 D 区展馆中央	22.80	61.4%	0.01
5	复兴馆 A 区二层办公室	22.78	61.3%	0.01
6	世纪馆植物展厅	24.22	64.3%	0.13
7	世纪馆员工休息室 1	25.82	51.4%	0.04
8	世纪馆员工休息室 2	25.36	64.4%	0.04
9	世纪馆中国移动展厅	25.11	65.4%	0.13
10	世纪馆办公区	25.09	60.4%	0.15

注:指标监测采样时间 2021 年 6 月 25 日。

从表 5-12 和表 5-13 中可以得出以下结论：

（1）热舒适指标中，各采样点的温度分布在 22.03～25.82℃ 之间，均低于夏季空调室内设计温度 26℃，故满足人体热舒适性对温度的要求。

（2）热舒适指标中，各采样点的风速分布在 0.01～0.2 m/s 之间，均低于夏季空调室内设计风速 0.2 m/s，故满足人体热舒适性对风速的要求。

（3）热舒适指标中，2021 年 5 月 27 日，各监测点的湿度均高于夏季空调室内设计相对湿度 60%，最高值为 82.4%，究其原因主要是当天为阴雨天气，降雨导致室外相对湿度较高，且展馆空间多为开放空间，室内湿度受室外气象影响较大。2021 年 6 月 25 日，各监测点的湿度分布在 51.4%～65.4% 之间，基本满足人体热舒适性对相对湿度的要求。

第 6 章

花博会园区展馆健康环境营造关键技术

6.1 室外气象参数对温室室内温湿度的影响研究

6.1.1 研究背景

温室受到室外光照、温度、风速和相对湿度等气象要素的影响,会在很大程度上改变其内部植物生长发育的环境状况。在温室中所能展示的植物种类及其生长发育状况受控于包括光照、温度、湿度、水分、空气流动速度、CO_2浓度、土壤介质等条件在内的各类环境因素影响,而这些环境因素又会受到温室内部建筑结构、建造材料、植物生长状况的影响,从而形成特殊的温室环境,并作用于植物生长。温室内种植的植物若想要达到最佳的生长状态,就要有合适的温度和湿度环境,如果能找到室外气候和室内温度、湿度的量化关系,就可通过监控室外气象参数的变化,并及时采取合适的环境调控措施来使室内环境满足植物最佳生长的要求。

6.1.2 实验内容与方法

1. 实验场地与时间

本次实验地点为第十届花博会园区中的一个花卉温室,如图 6-1 所示,位于上海崇明区,测试时间为 2021 年 2 月 1 日至 2021 年 6 月 30 日和 2021 年 10 月 1 日至 2022 年 2 月 28 日,涵盖了春、夏、秋、冬四个季节,具体时间划分和花卉种类见表 6-1。

图 6-1 花卉温室内景

表 6-1　温室花卉种植时间

时间	温室区域	花卉名称	备注
春季 （2021 年 2 月 1 日— 2021 年 5 月 10 日）	5 区	荷花	
	8 区	大花海棠	
		超级凤仙	
夏季 （2021 年 5 月 18 日— 2021 年 6 月 30 日）	8 区	醉蝶花	
秋季 （2021 年 10 月 1 日— 2021 年 11 月 30 日）	5 区	铁筷子	
		红掌	
		亚洲百合	10 月 29 日开始
	8 区	亚洲百合	10 月 29 日开始
冬季 （2021 年 12 月 1 日— 2022 年 2 月 28 日）	5 区	白掌	11 月 29 日开始
		微型月季	12 月 22 日开始
		亚洲百合	10 月 29 日开始
		铁筷子	
		红掌	
	8 区	亚洲百合	2021 年 10 月 29 日— 2021 年 12 月 31 日

注：备注为空表示花卉种植时间默认贯穿相应季节。

2. 实验方法

各种气候因素通过建筑物围护结构直接影响室内的气候条件。为了获得适宜植物生长的室内良好的热环境，必须先选择可靠的气象数据，以便了解当地各主要气候因素的概况和变化规律特征。典型气象年（TMY）模型是通过数学统计方法在长期的历史观测资料中先选出典型气象月，然后由 12 个典型气象月（真实月）构成典型气象年，这些是最能代表当地全年气候特征的气象数据。本研究首先对比了典型气象年和场地室外实测气象数据之间的差异，以验证室外实测数据的准确性，并为之后的研究奠定基础。其次，分别选取四个季节的典型日，分析场地室外气候和温室内环境参数的变化特征及差异。

室内热环境主要取决于室外气候，温室内培养的不同品种的花卉对生长环境的要求存在差异，为了达到适宜花卉生长的室内热环境标准，当室外气候发生明显变化时，需要及时采取相应的措施来有效调控室内热环境。经调研，温室内已有一套智能环境调控系统，但只针对单一的环境参数的临界值提出警示,然后人工对温室环境进行调控,如开启内遮阳或除湿风机等。本研究采用主成分分析法来探讨室外气象参数(干球温度、相对湿度、太阳辐射和风速)与温室内干球温度、相对湿度的关系,从而对这套智能环境调控系统进行完善。

本研究测量了温室室外4种气象参数(干球温度、相对湿度、太阳辐射和风速)和室内两种环境参数(空气温度、相对湿度)。室外气象数据由场地内的气象站测得,室内环境数据由温室内传感器测得,且传感器位于温室正中间(图6-2),放置高度约为距离地面1.7 m。研究中用到的上海市典型气象年数据源于清华大学《中国建筑热环境分析专用气象数据集》的CSWD(Chinese Standard Weather Data)气象文件。室内外实测数据每5 min自动记录一次。

图6-2 室内环境测量传感器

6.1.3 实验结果及讨论

1. 典型气象年和场地实测室外气象数据对比

图6-3—图6-5分别为2021年2月1日至2022年2月28日(由于2021年7月1日至2021年9月30日实测数据缺失,故本研究对这一时间段不作对比)上海市典型气象年与场地实测室外的干球温度、相对湿度和风速的日值对比。由图6-3可直观地看出,室外实测干球温度同典型气象年干球温度的变化趋势较为一致;同样地,图6-4中两种相对湿度也较为一致,但图6-5则显示出室外实测风速显著低于典型气象年(TMY)风速。

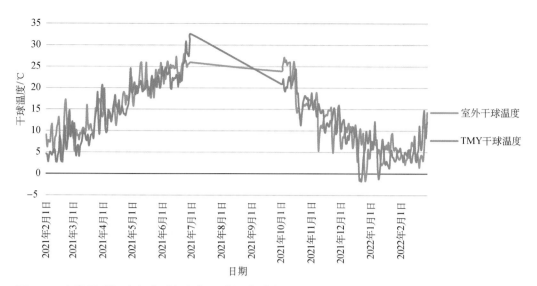

图 6-3　室外干球温度和典型气象年干球温度对比

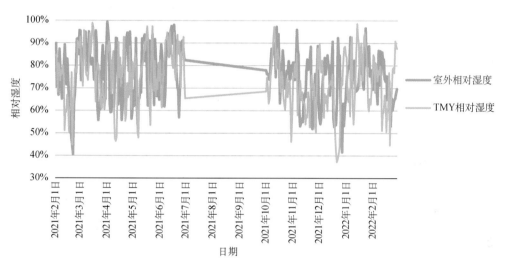

图 6-4　室外相对湿度和典型气象年相对湿度对比

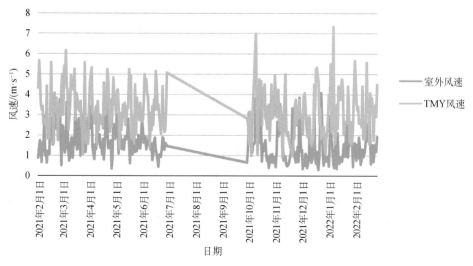

图 6-5　室外风速和典型气象年风速对比

为了更准确地对比两种不同来源室外数据的差异,本研究计算了两组数据的标准差[见式(6-1)]和绝对误差[见式(6-2)]。标准差的数值大于或等于零,可衡量室外实测数据偏离典型气象年数据的程度;绝对误差可正可负,表征室外实测数据偏离典型年数据的大小和方向。

$$S = \sqrt{\frac{\sum\limits_{i=1}^{n}(X_{\mathrm{out},i} - X_{\mathrm{TMY},i})^2}{n}} \tag{6-1}$$

$$\Delta X = \frac{\sum\limits_{i=1}^{n}(X_{\mathrm{out},i} - X_{\mathrm{TMY},i})}{n} \tag{6-2}$$

式中　S——标准差;

　　　　X_{out}——室外实测气象数据(干球温度 T 单位为℃,相对湿度 φ 单位为%,风速 v 单位为 m/s);

　　　　X_{TMY}——典型气象年数据;

　　　　ΔX——绝对误差;

　　　　n——参与计算的天数,将参与计算的日期按时间先后排序,i 为日期序号,取值为 $i = 1, 2, 3, \cdots, n$。

经计算,$S_{\mathrm{T}} = 3.78℃$,$\Delta X_{\mathrm{T}} = 0.56℃$;$S_{\varphi} = 16.16\%$,$\Delta X_{\varphi} = 1.69\%$;$S_{\mathrm{v}} = 2.13 \mathrm{m/s}$,$\Delta X_{\mathrm{v}} = -1.63 \mathrm{m/s}$。由此可知,虽然图 6-3 和图 6-4 所呈现的室外实测温湿度和典型年数据二者重合度较高,但是,干球温度仍然存在 3.78℃ 的总体差异,相对湿度存在 16.16% 的总体差异,而风速存在 2.13 m/s 的总体差异。$\Delta X_{\mathrm{T}} > 0$,$\Delta X_{\varphi} > 0$,$\Delta X_{\mathrm{v}} < 0$,即室外实测干球温度和相对湿度均高于相应的典型气象年数据,室外实测风速低于相应的典型气象年风速,究其原因主要是目前广泛应用的中国标准气象数据(Chinese Standard Weather Data,CSWD)是以全国 270 个气象站 1971—2003 年的气象数据为依据所建立的典型气象年。随着城市的快速发展,中国近 20 年的气候发生了显著变化,且气候变暖较为明显。因此,在研究条件允许的情况下,建筑基地的室外实测数据更具有实际应用意义。

2. 场地室外气候和温室内环境参数的变化特征及差异

分别选取春季典型日(3 月 20 日)、夏季典型日(6 月 21 日)、秋季典型日(10 月 1 日)和冬季典型日(12 月 21 日)来分析场地室外气候和温室内环境参数的变化特征及差异。

1) 春季

如图 6-6(a)—(c)所示,春季典型日(3 月 20 日)全天的室外干球温度范围在9~12℃之间,较为平稳,基本没有大的波动。室内干球温度比室外高,温室5区的温度范围约为20~24℃,温室8区的温度范围约为13~16℃。由于温室5区内种植荷花(图6-7),为了让荷花反季盛放,5区采取了加温措施(如开启温室苗床水管中的热水进行加热)。受太阳辐射的影响,温室5区和温室8区在白天的温度高于夜间,且两区中室温更高的5区白天增温更多,受太阳辐射的影响更为显著。

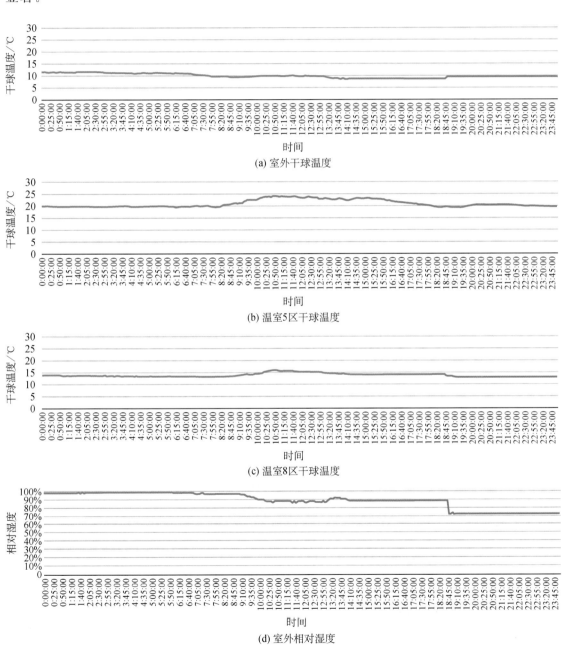

(a) 室外干球温度

(b) 温室5区干球温度

(c) 温室8区干球温度

(d) 室外相对湿度

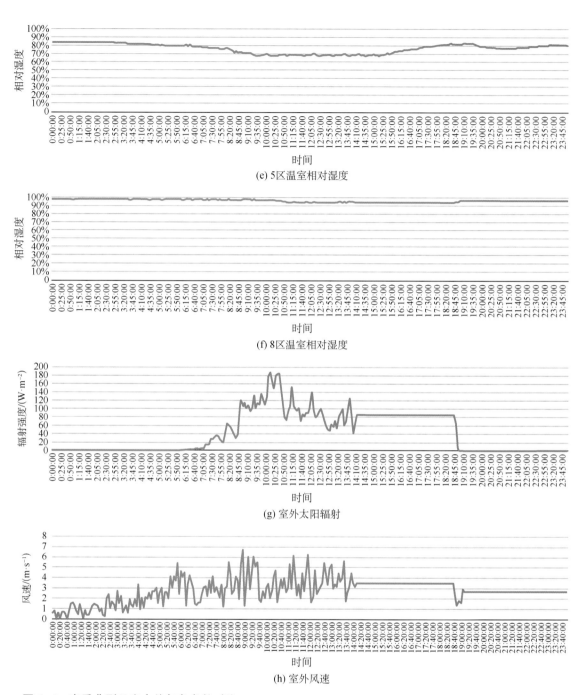

(e) 5区温室相对湿度

(f) 8区温室相对湿度

(g) 室外太阳辐射

(h) 室外风速

图 6-6　春季典型日室内外气象参数对比

　　如图 6-6(d)—(f)所示，由于下雨，春季典型日(3月20日)全天室外相对湿度均较高，范围在 70%～100%。室内白天的相对湿度较夜间略低，温室 8 区的相对湿度范围为 95%～100%，可知其受室外气候影响较大；温室 5 区由于采取了智能温室调控措施，相对湿度在 70%～85% 之间。

　　如图 6-6(g)所示，春季典型日(3月20日)室外太阳辐射在 6:00 到

14:00 时间范围内波动明显,10:00 左右达到当日峰值 187 W/m²,14:00—19:00 时间范围内太阳辐射稳定在 86 W/m²。

如图 6-6(h)所示,春季典型日(3 月 20 日)室外风速全天呈现出先波动式增长后基本稳定的情况,即 8:00 开始风速波动较大,最大风速达到 6 m/s,之后在 14:00—18:30 期间,风速稳定在 3.5 m/s,再往后风速基本稳定在 2.7 m/s。

图 6-7　温室 5 区内荷花种植实景

2) 夏季

如图 6-8(a)、(b)所示,夏季典型日(6 月 21 日)全天的室内外干球温度曲线非常相似,干球温度在 21~31℃之间,日间温度明显高于夜间。如图 6-8(c)所示,夏季典型日(6 月 21 日)室外相对湿度在日出前较高,处于 90%~100%之间;受太阳辐射的影响,日出后相对湿度逐渐降至 40%左右,且 10:00—17:00 期间一直维持在 40%附近;此后,22:00 左右又逐渐上升到 90%。如图 6-8(d)所示,当天温室 8 区内的相对湿度在日出前和日落后一直保持在 100%附近,白天基本维持在 75%左右。

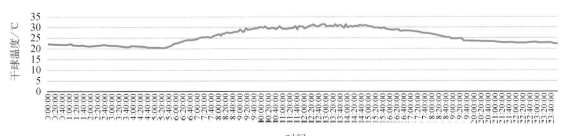

(a) 室外干球温度

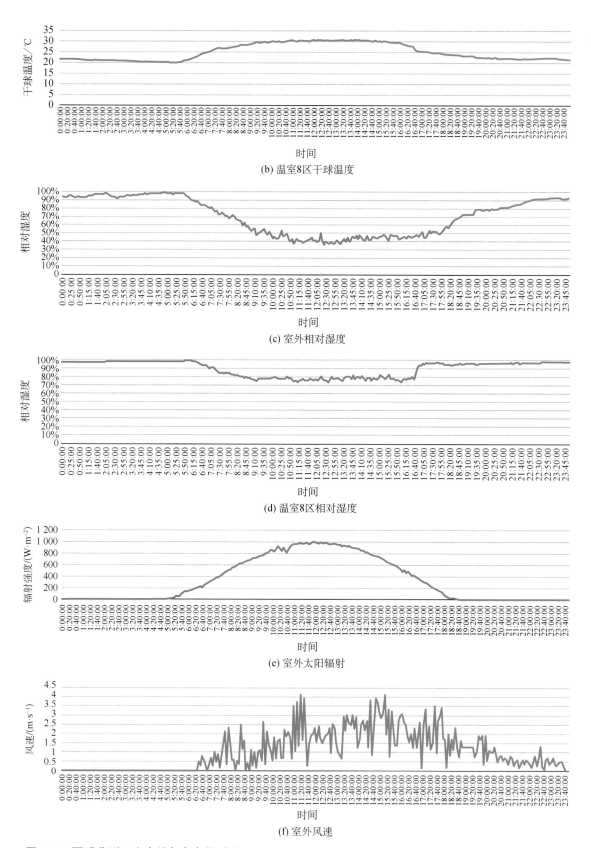

(b) 温室8区干球温度

(c) 室外相对湿度

(d) 温室8区相对湿度

(e) 室外太阳辐射

(f) 室外风速

图 6-8　夏季典型日室内外气象参数对比

上海属于亚热带地区,夏季气温较高,即使在最佳自然通风情况下,温室内的温度也高于室外,但是以上分析中,夏季典型日(6 月 21 日)温室内外的干球温度基本一致,这是因为温室 8 区在夏季开启了风机和湿帘,从而有效降低了室内温度,但湿帘利用的是水吸收空气中的热量蒸发成为水蒸气的降温原理,这便导致室内湿度显著增加。高温高湿的环境有利于植物生长,而风机的强力排风会使温室内形成风谷,故室内人员也会有凉爽的感觉。

如图 6-8(e)所示,夏季典型日(6 月 21 日)室外太阳辐射在日出后逐渐增加,12:00 左右达到当日峰值 986 W/m² ,午后逐渐减少,直至日落后降为 0。

如图 6-8(f)所示,夏季典型日(6 月 21 日)从 0:00 到日出前室外风速均为 0,其余时间风速波动较大,最大风速为 4.1 m/s。

3) 秋季

如图 6-9(a)—(c)所示,秋季典型日(10 月 1 日)全天的室内外干球温度变化曲线较为一致,室外温度范围在 18～31℃之间,温室 5 区的室内温度范围在 18～35℃之间,温室 8 区的室内温度范围在 18～32.5℃之间,白天室内温度高于室外温度,夜间室内外温度基本相同。如图 6-9(d)—(f)所示,秋季典型日(10 月 1 日)的室内外相对湿度变化曲线较为一致,白天湿度和温度负相关。0:00 到日出前室外相对湿度达到 100%,日落后基本维持在 90% 左右;夜间室内相对湿度维持在 90% 附近。由于温室 5 区种植了铁筷子和红掌,它们怕强光暴晒,因此温室 5 区在 10:00—14:00 会开启外遮阳,室内温度出现短暂降低,伴随着相对湿度的短暂增大。

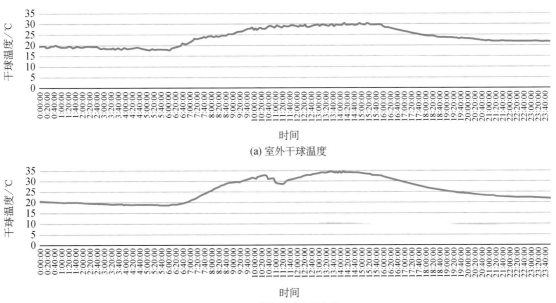

(a) 室外干球温度

(b) 温室5区干球温度

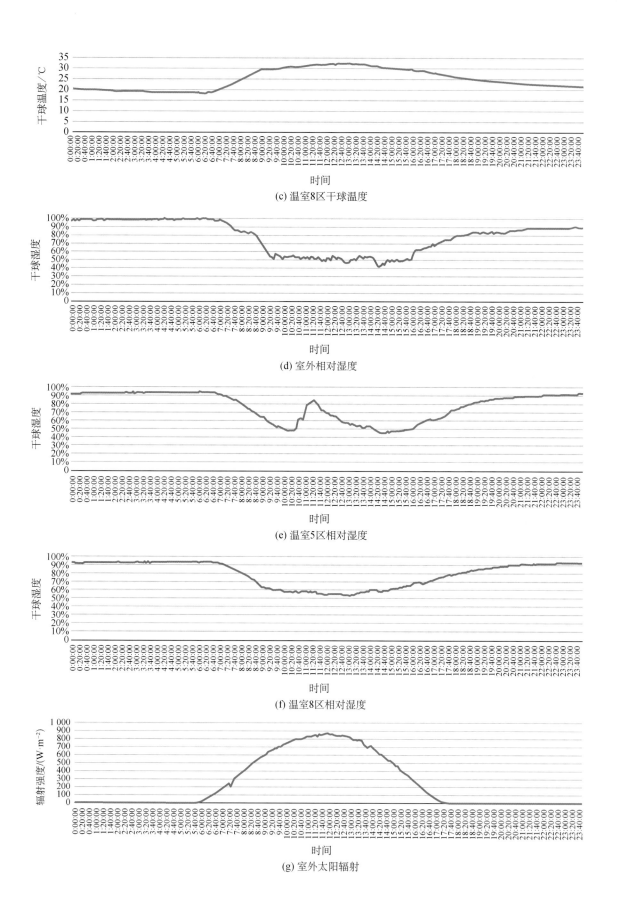

(c) 温室8区干球温度

(d) 室外相对湿度

(e) 温室5区相对湿度

(f) 温室8区相对湿度

(g) 室外太阳辐射

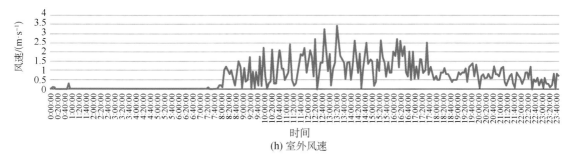

(h) 室外风速

图6-9　秋季典型日室内外气象参数对比

如图6-9(g)所示,秋季典型日(10月1日)室外太阳辐射在日出后逐渐增加,12:00左右达到当日峰值873 W/m^2,午后逐渐减少,直至日落后降为0。

如图6-9(h)所示,秋季典型日(10月1日)在0:00到日出前的室外风速基本为0,其余时间风速波动较大,最大风速为3.4 m/s。

4) 冬季

如图6-10(a)—(c)所示,冬季典型日(12月21日)全天的室内外干球温度变化趋势较为一致,室外温度范围在5～18℃之间,温室5区的室内温度范围在5～26℃之间,温室8区的室内温度范围在5～22℃之间,白天室内温度高于室外。如图6-10(d)—(f)所示,冬季典型日(12月21日)室内外相对湿度的变化趋势较为一致,白天湿度和温度负相关。夜间室内外相对湿度在70%～90%之间。由于温室5区种植了亚洲百合、铁筷子、红掌、白掌和微型月季,它们性喜温热,故温室5区在冬季采取了加温措施,温度升高的同时室内相对湿度也相应降低。

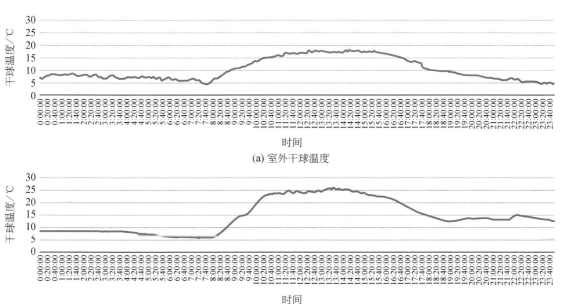

(a) 室外干球温度

(b) 温室5区干球温度

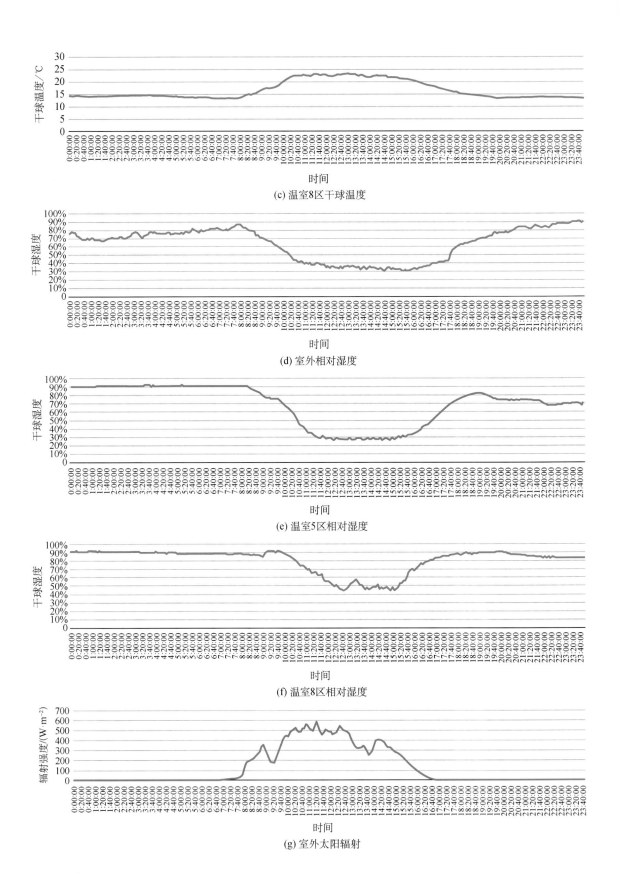

(c) 温室8区干球温度

(d) 室外相对湿度

(e) 温室5区相对湿度

(f) 温室8区相对湿度

(g) 室外太阳辐射

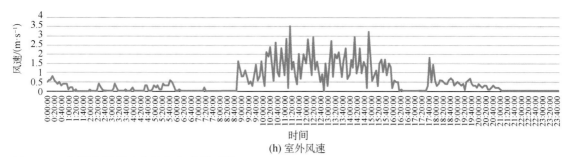

(h) 室外风速

图 6-10　冬季典型日室内外气象参数对比

如图 6-10(g)所示,冬季典型日(12 月 21 日)室外太阳辐射在日出后逐渐增加,12:00 左右达到当日峰值 593 W/m²,午后逐渐减少,直至日落后降为 0。

如图 6-10(h)所示,冬季典型日(12 月 21 日)夜间室外风速很低,小于 1 m/s;白天风速波动较大,最大风速为 3.5 m/s。

3. 温室内温度与室外气候的关系

下面将分别探讨春、夏、秋、冬四个季节对室内干球温度影响最显著的室外气候要素。

1)春季

温室 5 区在春季采取了加温措施,而温室 8 区更能代表人工调控前的室内环境,故春季选取温室 8 区进行研究。首先,分析春季温室 8 区的室内干球温度与室外的干球温度、相对湿度、太阳辐射强度和风速的关系,结果如表 6-2 所列,可见春季室内干球温度与室外干球温度的相关性最强,相关系数为 0.901;其次是与太阳辐射强度,相关系数为 0.370,而与室外相对湿度和风速基本没有相关关系。

表 6-2　春季温室 8 区的干球温度和室外气象要素的相关性

参数	8 区干球温度	室外干球温度	室外相对湿度	太阳辐射强度	风速
8 区干球温度	1.000	0.901	−0.164	0.370	0.040
室外干球温度	0.901	1.000	−0.084	0.261	0.027
室外相对湿度	−0.164	−0.084	1.000	−0.711	−0.075
太阳辐射强度	0.370	0.261	−0.711	1.000	0.071
风速	0.040	0.027	−0.075	0.071	1.000

进行巴特利特球形度检验,显著性 P 值小于 0.05,说明数据适合作因子分析。选取室外干球温度和太阳辐射强度这两项与室内干球温度最相关的气象要素,利用主成分法合成一个综合值,以表征室外的综合气候特征,然后与室内干球温度进行拟合,结果如图 6-11 所示。由图 6-11 可见,春季室外干球温度和太阳辐射强度作为室外综合气象表征与室内干球温度显著相关,可用线性关系拟合,决定系数约为 0.64。

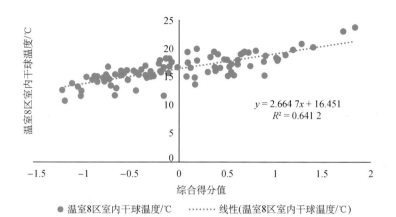

图 6-11　春季室外气象参数的综合值和温室 8 区室内干球温度

2）夏季

夏季只有温室 8 区种植了花卉，故夏季仅选取温室 8 区进行研究。分析夏季温室 8 区的室内干球温度与室外的干球温度、相对湿度、太阳辐射强度和风速的关系，相关性结果见表 6-3，可见夏季室内干球温度与室外干球温度的相关性最强，达到 0.900，而与相对湿度、太阳辐射强度和风速基本没有相关关系。

表 6-3　夏季温室 8 区的干球温度和室外气象要素的相关性

参数	8 区干球温度	室外干球温度	室外相对湿度	太阳辐射强度	风速
8 区干球温度	1.000	0.900	0.126	0.131	−0.043
室外干球温度	0.900	1.000	−0.198	0.356	−0.011
室外相对湿度	0.126	−0.198	1.000	−0.831	0.062
太阳辐射强度	0.131	0.356	−0.831	1.000	−0.051
风速	−0.043	−0.011	0.062	−0.051	1.000

温室在夏季所采取的室内智能环境调控措施使得室内干球温度只与室外干球温度具有较强的相关性，故直接将室内干球温度和室外干球温度进行线性拟合（图 6-12），决定系数约为 0.81。

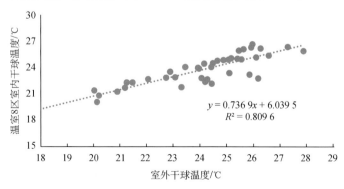

图 6-12　夏季室外气象参数的综合值和温室 8 区室内干球温度

3）秋季

首先,分析秋季温室5区的干球温度与室外的干球温度、相对湿度、太阳辐射强度和风速的关系,结果如表6-4所列,可见秋季室内干球温度与室外干球温度的相关性最强,相关系数为0.969;其次是与室外相对湿度,相关系数为0.547,而与太阳辐射强度和风速基本没有相关关系。

表6-4　秋季温室5区的干球温度和室外气象要素的相关性

参数	5区干球温度	室外干球温度	室外相对湿度	太阳辐射强度	风速
5区干球温度	1.000	0.969	0.547	0.130	0.158
室外干球温度	0.969	1.000	0.650	0.048	0.099
室外相对湿度	0.547	0.650	1.000	−0.506	−0.040
太阳辐射强度	0.130	0.048	−0.506	1.000	−0.197
风速	0.158	0.099	−0.040	−0.197	1.000

进行巴特利特球形度检验,显著性 P 值小于0.05,说明数据适合作因子分析。选取室外干球温度和相对湿度这两项与室内干球温度最相关的气象要素,利用主成分法合成一个综合值,以表征室外的综合气候特征,然后与室内干球温度进行拟合(图6-13)。由图6-13可见,秋季室外干球温度和相对湿度作为室外综合气象表征与室内干球温度显著相关,可用线性关系拟合,决定系数约为0.70。

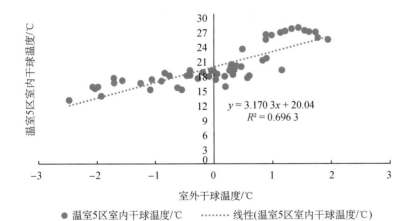

$y = 3.170\,3x + 20.04$
$R^2 = 0.696\,3$

● 温室5区室内干球温度/℃　······ 线性(温室5区室内干球温度/℃)

图6-13　秋季室外气象参数的综合值和温室5区室内干球温度

同样地,首先分析秋季温室8区的干球温度与室外的干球温度、相对湿度、太阳辐射强度和风速的关系,结果如表6-5所列,可见秋季室内干球温度与室外干球温度的相关性最强,达到0.968;其次是与室外相对湿度,达到0.537,而与太阳辐射强度和风速基本没有相关关系。

表 6-5　秋季温室 8 区的干球温度和室外气象要素的相关性

参数	8 区干球温度	室外干球温度	室外相对湿度	太阳辐射强度	风速
8 区干球温度	1.000	0.968	0.537	0.128	0.172
室外干球温度	0.968	1.000	0.650	0.048	0.099
室外相对湿度	0.537	0.650	1.000	−0.506	−0.040
太阳辐射强度	0.128	0.048	−0.506	1.000	−0.197
风速	0.172	0.099	−0.040	−0.197	1.000

　　进行巴特利特球形度检验,显著性 P 值小于 0.05,说明数据适合作因子分析。选取室外干球温度和相对湿度这两项与室内干球温度最相关的气象要素,利用主成分法合成一个综合值,以表征室外的综合气候特征,然后与室内干球温度进行拟合(图 6-14)。由图 6-14 可见,在秋季,室外干球温度和相对湿度作为室外综合气象表征与室内干球温度显著相关,可用线性关系拟合,决定系数约为 0.69。

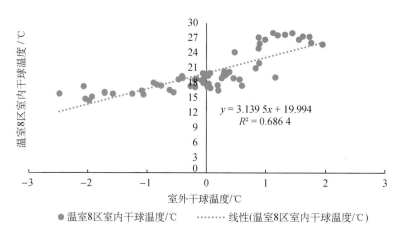

$$y = 3.139\,5x + 19.994$$
$$R^2 = 0.686\,4$$

●温室8区室内干球温度/℃　　……线性(温室8区室内干球温度/℃)

图 6-14　秋季室外气象参数的综合值和温室 8 区室内干球温度

　　从上述分析可知,秋季温室 5 区和温室 8 区的线性拟合关系很相近。

　　4)冬季

　　由于温室 5 区在冬季采取了加温措施,而温室 8 区更能代表人工调控前的室内环境,故冬季选取温室 8 区进行研究。首先,分析冬季温室 8 区室内干球温度与室外的干球温度、相对湿度、太阳辐射强度和风速的关系,如表 6-6 所列,可见冬季室内干球温度与室外干球温度的相关性最强,相关系数为 0.762;其次是与室外太阳辐射强度,相关系数为 0.425,而与室外相对湿度和风速基本没有相关关系。

表 6-6　冬季温室 8 区的干球温度和室外气象要素的相关性

参数	8 区干球温度	室外干球温度	室外相对湿度	太阳辐射强度	风速
8 区干球温度	1.000	0.762	−0.055	0.425	−0.239
室外干球温度	0.762	1.000	0.420	−0.084	−0.155
室外相对湿度	−0.055	0.420	1.000	−0.641	−0.012
太阳辐射强度	0.425	−0.084	−0.641	1.000	−0.259
风速	−0.239	−0.155	−0.012	−0.259	1.000

进行巴特利特球形度检验,KMO 值小于 0.6 且显著性 P 值大于
0.05,说明数据不适合作因子分析,故直接将室内干球温度和室外干球
温度进行线性拟合(图 6-15),决定系数约为 0.58。

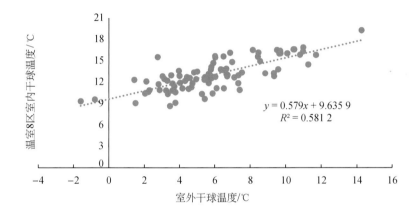

图 6-15　冬季室外气象参数的综合值和温室 8 区室内干球温度

4. 温室内相对湿度与室外气候的关系

1) 春季

首先,分析春季温室 8 区的室内相对湿度与室外的干球温度、相对
湿度、太阳辐射强度和风速的关系,结果如表 6-7 所列,可见春季室内相
对湿度与室外相对湿度的相关性最强,相关系数为 0.766;其次是与太阳辐
射强度,相关系数为 −0.551,而与室外干球温度和风速的相关关系很小。

表 6-7　春季温室 8 区的相对湿度和室外气象要素的相关性

参数	8 区相对湿度	室外干球温度	室外相对湿度	太阳辐射强度	风速
8 区相对湿度	1.000	0.256	0.766	−0.551	−0.033
室外干球温度	0.256	1.000	−0.084	0.261	0.027
室外相对湿度	0.766	−0.084	1.000	−0.711	−0.075
太阳辐射强度	−0.551	0.261	−0.711	1.000	0.071
风速	−0.033	0.027	−0.075	0.071	1.000

进行巴特利特球形度检验，显著性 P 值小于 0.05，说明数据适合作因子分析。选取室外相对湿度和太阳辐射强度这两项与室内相对湿度最相关的气象要素，利用主成分法合成一个综合值，以表征室外的综合气候特征，然后与室内相对湿度进行拟合，如图 6-16 所示。由图 6-16 可见，春季相对湿度和太阳辐射强度作为室外综合气象表征与室内相对湿度相关性不高，用线性关系拟合，决定系数仅约为 0.08。

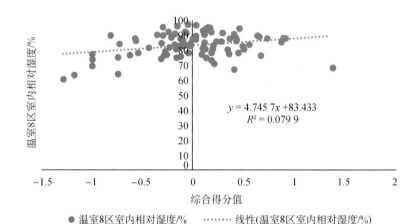

图 6-16　春季室外气象参数的综合值和温室 8 区室内相对湿度

2）夏季

首先，分析夏季温室 8 区的室内相对湿度与室外的干球温度、相对湿度、太阳辐射强度和风速的关系，结果如表 6-8 所列，可见夏季室内相对湿度与室外相对湿度的相关性最强，相关系数为 0.652；其次是与太阳辐射强度，相关系数为 -0.580，而与室外干球温度和风速的相关关系很小。

表 6-8　夏季温室 8 区的相对湿度和室外气象要素的相关性

参数	8 区相对湿度	室外干球温度	室外相对湿度	太阳辐射强度	风速
8 区相对湿度	1.000	0.257	0.652	−0.580	0.144
室外干球温度	0.257	1.000	−0.198	0.356	−0.011
室外相对湿度	0.652	−0.198	1.000	−0.831	0.062
太阳辐射强度	−0.580	0.356	−0.831	1.000	−0.051
风速	0.144	−0.011	0.062	−0.051	1.000

进行巴特利特球形度检验，显著性 P 值小于 0.05，说明数据适合作因子分析。选取室外相对湿度和太阳辐射这两项与室内相对湿度最相关的气象要素，利用主成分法合成一个综合值，以表征室外的综合气候特征，然后与室内相对湿度进行拟合（图 6-17），可见夏季相对湿度和太阳辐射强度作为室外综合气象表征与室内相对湿度相关性不高，用线性

关系拟合,决定系数仅约为 0.02。

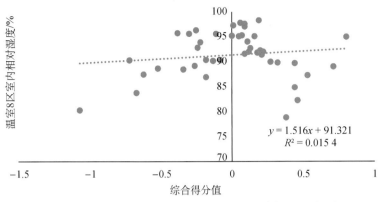

图 6-17　夏季室外气象参数的综合值和温室 8 区室内相对湿度

3) 秋季

首先,分析秋季温室 5 区的室内相对湿度与室外的干球温度、相对湿度、太阳辐射强度和风速的关系,结果如表 6-9 所列。由表 6-9 可见,秋季室内相对湿度与室外相对湿度的相关性最强,相关系数为 0.828;其次是与室外干球温度和太阳辐射强度,相关系数分别是 0.669 和 -0.558,而与风速的相关关系较小。

表 6-9　秋季温室 5 区的相对湿度和室外气象要素的相关性

参数	5 区相对湿度	室外干球温度	室外相对湿度	太阳辐射强度	风速
5 区相对湿度	1.000	0.669	0.828	-0.558	0.326
室外干球温度	0.669	1.000	0.650	0.048	0.099
室外相对湿度	0.828	0.650	1.000	-0.506	-0.040
太阳辐射强度	-0.558	0.048	-0.506	1.000	-0.197
风速	0.326	0.099	-0.040	-0.197	1.000

进行巴特利特球形度检验,显著性 P 值小于 0.05,说明数据适合作因子分析。选取室外相对湿度、干球温度和太阳辐射强度这三项与室内相对湿度最相关的气象要素,利用主成分法合成一个综合值,以表征室外的综合气候特征,然后与室内相对湿度进行拟合,如图 6-18 所示,可见秋季室外干球温度、相对湿度和太阳辐射强度作为室外综合气象表征与室内相对湿度显著相关,可用线性关系拟合,决定系数约为 0.64。

同样地,首先分析秋季温室 8 区相对湿度与室外的干球温度、相对湿度、太阳辐射强度和风速的关系,结果如表 6-10 所列,可见秋季室内相对湿度与室外相对湿度的相关性最强,相关系数为 0.874;其次是与室外干球温度和太阳辐射强度,相关系数分别是 0.711 和 -0.478,而与风速的相关关系较小。

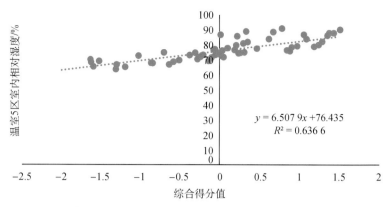

图 6-18　秋季室外气象参数的综合值和温室 5 区室内相对湿度

表 6-10　秋季温室 8 区的相对湿度和室外气象要素的相关性

参数	8 区相对湿度	室外干球温度	室外相对湿度	太阳辐射强度	风速
8 区相对湿度	1.000	0.711	0.874	−0.478	0.241
室外干球温度	0.711	1.000	0.650	0.048	0.099
室外相对湿度	0.874	0.650	1.000	−0.506	−0.040
太阳辐射强度	−0.478	0.048	−0.506	1.000	−0.197
风速	0.241	0.099	−0.040	−0.197	1.000

进行巴特利特球形度检验,显著性 P 值小于 0.05,说明数据适合作因子分析。选取室外相对湿度、干球温度和太阳辐射强度这三项与室内相对湿度最相关的气象要素,利用主成分法合成一个综合值,以表征室外的综合气候特征,然后与室内相对湿度进行拟合,如图 6-19 所示,可见秋季室外干球温度、相对湿度和太阳辐射强度作为室外综合气象表征与室内相对湿度显著相关,可用线性关系拟合,决定系数约为 0.72。

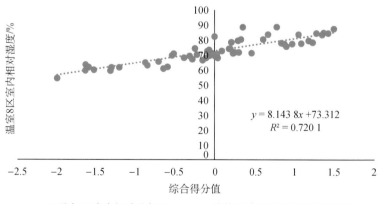

图 6-19　秋季室外气象参数的综合值和温室 8 区室内相对湿度

4) 冬季

首先,分析冬季温室 8 区的室内相对湿度与室外的干球温度、相对湿度、太阳辐射强度和风速的关系,结果如表 6-11 所列,可见冬季室内相对湿度与室外太阳辐射的相关性最强,相关系数为 -0.878;其次是与室外相对湿度,相关系数为 0.583,而与室外干球温度和风速的相关关系较小。

表 6-11 冬季温室 8 区的相对湿度和室外气象要素的相关性

参数	8 区相对湿度	室外干球温度	室外相对湿度	太阳辐射强度	风速
8 区相对湿度	1.000	0.230	0.583	-0.878	0.287
室外干球温度	0.230	1.000	0.420	-0.084	-0.155
室外相对湿度	0.583	0.420	1.000	-0.641	-0.012
太阳辐射强度	-0.878	-0.084	-0.641	1.000	-0.259
风速	0.287	-0.155	-0.012	-0.259	1.000

进行巴特利特球形度检验,显著性 P 值小于 0.05,说明数据适合作因子分析。选取室外相对湿度和太阳辐射强度这两项与室内相对湿度最相关的气象要素,利用主成分法合成一个综合值,以表征室外的综合气候特征,然后和室内相对湿度进行拟合,如图 6-20 所列,可见冬季室外相对湿度和太阳辐射作为室外综合气象表征与室内相对湿度显著相关,可用线性关系拟合,决定系数约为 0.65。

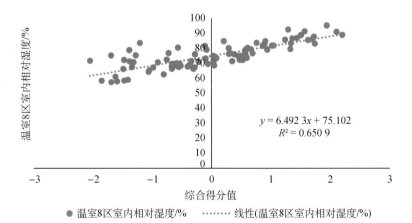

图 6-20 冬季室外气象参数的综合值和温室 8 区室内相对湿度

通过室外气象参数对温室室内温湿度影响的研究,得到了室外气候和室内温度、湿度的明确量化关系,如此便可用于指导展馆现场工作人员采取合适的环境调控措施,使室内环境满足植物的最佳生长要求。

6.2 花博会温室设计及建筑运行建议

6.2.1 温室设计要点

1. 规模与布局

温室的规模与布局应符合下列规定：

（1）引种生产温室与展览温室的面积配比宜为 1∶1。

（2）展览温室的建筑高度应依据所展示植物成熟期的生长高度合理确定，引种生产温室的建筑高度宜为 5～7 m。

（3）展览温室根据地形、规模的不同可采用集中式或分散式布局。其中，分散式布局的各单体温室之间的距离不宜过长，且应有便捷的交通联系。

（4）展览温室的入口区应设有集散场地，面积不宜小于 0.2 m²/人，游人容量宜根据温室内部道路及场地面积按不小于 0.75 人/m² 计算。

（5）大型展览温室应设置维修维护设备出入口及植物运输出入口，且出入口的宽度不小于 3.0 m，高度不小于 3.5 m。

（6）展览温室应设置可供建筑、设备、植物进行维护的临时操作场地。

（7）温室的主要设备用房宜与展览温室分开设置，且应避开主要疏散出入口和游人集散场地。

2. 温室结构与围护结构

温室结构与围护结构应符合下列规定：

（1）温室建筑应统筹协调气候条件、功能要求、空间布局、植物生长环境、设备系统等因素，合理确定温室的结构和形式。

（2）展览温室的结构应采用钢结构、铝合金结构等高强、轻质的大跨度结构体系。展览温室的遮光率宜小于 10%。

（3）温室围护结构的材料应选择抗腐蚀建材，应具有较好的保温隔热性能，并应做防火处理。

（4）温室覆盖材料应选择安全耐久、透光性能强、不易结露的材料。温室透光率不应小于 75%。

（5）温室应合理确定开启窗的位置、面积及自动开启窗系统，充分利用自然通风降温。

（6）展览温室屋面上需要经常检修的地方及温室内设备易损坏处均应设置人工检修维护的设施。

3. 室内环境

温室室内环境应符合下列规定：

（1）展览温室应创造适宜植物生长的空间和让游人感到舒适的游览环境。

（2）温室应设置补光和遮阴系统，以满足植物生长对光照的基本要求；宜配备智能照明控制系统，以便根据季节或气象情况调节植物光照。

（3）温室内应设置人工降温加湿系统。

（4）温室应充分利用自然通风，并应设置机械通风和内循环通风设施。室内气流速度宜按 0.3～0.5 m/s 设计。

4．设备与运行

温室设备应根据植物的生长需求和温室建筑的规模、高度合理设置，以满足消防、通风、照明、通信、植物浇灌、空气调节等需求，并应符合下列规定：

（1）温室应充分利用风、水、地热、太阳能等绿色能源，减少建设投资，降低运营成本。

（2）展览温室内的各运行设备应防湿防腐、安全可靠，且采用高效率、低噪声的产品。

（3）温室屋顶应设置冲洗接口及屋面排水装置，并设置雨淋降温系统。

（4）展览温室宜设置环境智能控制系统。该系统应具有良好的开放性，并应便于系统扩充、易于维护。

6.2.2 建筑运行要点

花博会建筑运行宜符合下列规定：

（1）花博会建筑运行应成立专门的工作小组并设置专业岗位。工作小组须架构清晰、职责明确。专业岗位的工作人员须熟悉花博会建筑运行各项相关工作的进展情况。

（2）花博会建筑运行应根据项目的类型、寿命周期等特点，制订建筑运行工作方案，并明确量化目标、财务目标和时间目标。其中，量化目标包括全年能耗量、单位面积能耗量、单位服务产品能耗量等绝对值目标，以及系统效率、节能率等相对值目标；财务目标包括资源成本降低的百分比、节能环保项目的投资回报率，以及实现节能减排项目的经费上限等；时间目标包括设置完成目标的期限和时间节点。

（3）花博会建筑运行应建立完善的绿色低碳采购制度，并严格按照制度实施采购。

（4）花博会建筑运行应依据节能量、节水量、垃圾分类、公众评价等成果建立相应的激励制度。

（5）花博会建筑运行宜根据 ISO 14001 环境管理体系认证及现行国

家标准《能源管理体系要求及使用指南》(GB/T 23331—2020)中能源管理体系认证的相关要求开展运行工作。

（6）花博会建筑运行应建立完备的运行管理自评机制，并定期开展评价调查工作。

（7）花博会建筑运行应建立运行人员培训制度及制订相应的培训方案，并定期开展运行培训工作，保留培训记录。

（8）花博会建筑运行应建立完善的运行宣传活动管理制度，并不定期开展宣传活动，保留相关记录及总结文件。

参考文献

［1］北京市市场监督管理局,北京市规划和自然资源委员会.绿色建筑设计标准: DB 11/938—2012［S］.北京:中国建筑工业出版社,2013.

［2］温昕宇.室外风环境 CFD 模拟在小区规划建设中的应用［J］.科技创新导报, 2010(29):113-114.

［3］李魁山,王峰,赵彤,等.城市超高层建筑群人行区风环境舒适性研究［J］.绿色 建筑,2012(5):16-18.

［4］FRANKE J，HELLSTEN A，SCHLÜNZEN H，et al．The COST 732 best practice guideline for CFD simulation of flows in the urban environment：a summary［J］．International Journal of Environment and Pollution,2011,44(1- 4):419-427.

［5］TOMINAGA Y，MOCHIDA A，YOSHIE R，et al．AIJ guidelines for practical applications of CFD to pedestrian wind environment around buildings［J］. Journal of Wind Engineering and Industrial Aerodynamics,2008,96(10-11): 1749-1761.

［6］FERZIGER J H，PERIC M．Computational Methods for Fluid Dynamics［M］. 3rd edition．Berlin：GER：Springer Verlag,2012.

［7］中国气象局气象信息中心气象资料室,清华大学建筑技术科学系.中国建筑热 环境分析专用气象数据集［M］.北京:中国建筑工业出版社,2005.

［8］中华人民共和国住房和城乡建设部.民用建筑供暖通风与空气调节设计规范: GB 50736—2012［S］.北京:中国建筑工业出版社,2012.

［9］中华人民共和国住房和城乡建设部.民用建筑绿色性能计算标准:JGJ/T 449— 2018［S］.北京:中国建筑工业出版社,2018.

［10］中华人民共和国住房和城乡建设部.建筑节能气象参数标准:JGJ/T 346— 2014［S］.北京:中国建筑工业出版社,2015.

［11］中华人民共和国住房和城乡建设部.城市居住区热环境设计标准:JGJ 286— 2013［S］.北京:中国建筑工业出版社,2014.

［12］沈剑,罗意,庄期寅.第十届中国花博会茶花分会展园规划设计研究［J］.园林, 2021,38(4):14-19.

［13］于泉洲,梁春玲,刘煜杰.近30年长江口崇明东滩植被对于气候变化的响应特 征［J］.生态科学,2014,33(6):1169-1176.

［14］施凯峰,钟军珺.上海崇明区绿地土壤特征分析［J］.上海建设科技,2019(5): 77-80.

[15] 赵生兰.一二年生花卉与宿根花卉在植物造景中的配置与应用[J].花卉,
     2019(18):114.

[16] 热西丹·司马义.园林花灌木养护管理技术分析[J].农村实用技术,2020(6):
     132-133.

[17] 李晓芹,杨金财,银征,等.观赏草在园林景观中的应用[J].现代农业科技,
     2022(11):115-119.

[18] 余兵努.园林景观中草坪施工养护探讨[J].现代农业科技,2022(16):116-119.

[19] 杨娟,池坚,叶志琴,等.第十届中国花卉博览会花卉选择与花境设计[J].园林,
     2021,38(7):10-16.

[20] 胡永红,黄卫昌,等.展览温室与观赏植物[M].中国林业出版社,2005.

后 记

习近平总书记在党的二十大报告中指出："必须牢固树立和践行绿水青山就是金山银山的理念，站在人与自然和谐共生的高度谋划发展。"

上海正加快建设具有世界影响力的社会主义现代化国际大都市。坚持创新、协调、绿色、开放、共享的新发展理念，是上海城市发展的必由之路，也是崇明世界级生态岛建设必要遵循的。第十届花博会虽已圆满落幕，但是"生态办博、创新办博、勤俭办博、廉洁办博、安全办博"的办博理念深深地植入了崇明世界级生态岛发展的基因中。

传承、延续好这样的发展基因是每一位投身生态岛发展事业建设者们的光荣使命和责任。借助上海"科技创新行动计划"的东风，我们深度梳理和挖掘了第十届花博会建设的创新理念、创新模式和创新技术，全面归纳总结了第十届花博会绿色开发、低碳建设、高效运维的高质量发展经验和标准，目的是要树立上海这座国际化大都市建设的标杆，树立长三角一体化发展的旗帜。

本书的编撰是在光明食品(集团)有限公司各级领导的高效统筹和坚决推动下一步步进行的。参与本书编撰的各单位、部门和团队全力克服各种困难，线上线下紧密沟通，对内对外积极协作，想办法推动编撰工作一步步落实。本书的出版离不开所有参与人员默默无闻的付出、坚持不懈的努力和同心协力的合作。

再次感谢光明食品(集团)有限公司统筹，感谢光明生态岛投资发展有限公司大力支持，感谢袁小忠劳模创新工作室在本书统筹编辑工作中的辛勤付出，感谢上海种业(集团)有限公司、上海市园林设计研究总院有限公司、上海市建筑科学研究院有限公司、华建集团华东建筑设计研究院有限公司在专著内容编写工作中的联合协作。更要感谢无数为第十届花博会建设运营付出辛勤努力的科技工作者和劳动者们！

光明食品集团花博会统筹协调指挥部
2023 年春